COLOURS OF ARCHITECTURE
건축의 컬러

건축의 컬러
COLOURS OF ARCHITECTURE

현대건축에 적용된 색유리
COLOURED GLASS IN CONTEMPORARY BUILDINGS

ANDREW MOOR/임기택

Spacetime

건축의 컬러Colours of Architecture
ANDREW MOOR / 임기택

First published in the UK in 2006
Under the title Colours of Architecture
by Mitchell Beazley, part of Octopus Publishing Group,
2-4 Heron Quays London E14 4 JP, UK

1판 발행일 2008년 1월 20일 발행

발행인 김기현
발행처 시공문화사 Spacetime
등 록 1993년 3월 12일
주 소 서울시 서대문구 현저동 200 극동 5층
전 화 02) 3147-1212, 2323
전 송 02) 3147-2626
http://www.spacetime.co.kr
spacetime@korea.com

정가는 표지 뒷면에 표기, 파본은 교환해 드립니다.

Commissioning editor Hannah Barnes-Murphy
Executive art editor Sarah Rock
Senior editor Emily Anderson
Editor Kirsty Seymour-Ure
Design John Round Design
Indexer Helen Snaith
Production Gary Hayes
Architectural research Hattie Hartmann

Printed and bound in China by Toppan Printing Company Ltd

PAGE 1 **BIG POPPY**, San José, California, 2003: by Nick Lyle and Jean Whitesavage. This detail shows the enamelled and mouth-blown glass elements. The project includes 12 glass skylights for six light-rail stations, commissioned by the Santa Clara Valley Transit Authority.

PAGE 2 **"RAIGS X"** (X-ray), Barcelona, Spain, 1997, by: José Castrillo. Detail from panel made for doctor's clinic.

RIGHT **MUSAC**, Leon, Spain, 2005, by: Mansilla & Tunon. A new cultural centre by these two ground-breaking architectural theorists, who are now winning competitions and creating striking new architecture.

차례 Contents

have come the world

지난 20년 동안 발생한 건축 예술유리 분야에 있어서 색은 이제 막 변화가 시작되는 분야이다. 유리 기술은, 거의 천년의 세월동안 변하지 않았는데, 최근의 짧은 기간 동안 혁명적으로 변화한 것이다.

내가 이 책을 집필하는 동안, 나의 첫 저서인 '현대 스테인드글라스Contemporary Stained Glass'을 집필하던 시기에 있었던 한 사건이 떠올랐다. 당시 나는 건축학과 학생들에게 강의 중이었다. 어린 여학생이 다음과 같이 질문했다. "어째서 700년 동안이나 내리막길을 걷던 형식 예술분야에 종사하게 되었나요?" 나는 이 질문 너머에 놓여있는 의미를 간파하고 충격을 받았다. 스테인드글라스는 13세기에 정점에 이르렀고 그 이후 결코 그 지점에 이르지 못했다.

이제 나는 이 분야가 새로운 형태의 표현이 될 것이라고 믿고 있다. 그것은 아이콘적이고 전설적으로 마술적인 창조물과 어깨를 나란히 하기 시작했다.

이 책을 현실화시키는데 두 분이 중요한 역할을 했다. 건축 저널리스트인 하티 하트만Hattie Hartmann은 자료수집과 텍스트에 많은 도움을 주었다. 나의 형인 기쳐드는 사진을 정리해주었고 사진작가들을 섭외하고 조직하는데 많은 도움을 주었다.

나의 부인과 자녀들에게 지난 6개월 동안은 짬이 나면 책을 집필하기 위해 지하실로 사라져버렸던 시간이었다. 할 수만 있다면 되돌렸으면 하는 마음이다.

나는 이 책이 색과 유리, 그리고 건축의 활기찬 세계를 조명하는데 도움이 되기를 바라며 이 특별한 매개체인 유리를 통해 할 수 있는 많은 영역에서 사고를 제안하고 풍부하게 해주기를 바란다.

앤드류 무어

좌측. **구세군 국제 회당**
영국 런던 소재. 2004년작. 건축가: Carpenter Lowings
현대식 건물에 달려있는 것은 불타는 듯한 오렌지색의 유리(국제 구세군 본부의 빨갛게 빛을 내는 따뜻한 부분)로 되어 있는 회당이다. 유리는 에칭으로 무늬를 새긴 외관을 가지고 있는 착색된 합판유리의 형태이다.

산업혁명 이후 철과 유리, 설비기술의 발전이 오늘날의 놀랄만한 건축적 진보의 결과를 만들어냈다는 것은 주지의 사실이다. 특히 근래 건축물의 외피에 대한 연구가 건축인들의 초미의 관심사가 되고 있다. 디지털 기술의 발전과 과학기술의 발전은 이미 인문과학의 속도보다 몇 곱절 빠르게 진행되고 있으며, 경제규모와 경제분야의 속도가 건축의 속성과 기능보다 훨씬 빠른 속도로 진화되면서 변화되고 있기에 건축은 결과적으로 외피에 집중하는 듯 보인다. 빠르게 변화하고자 하는 욕구를 맞추기에는 건축물은 너무 구조적이고, 구축하는데 시간이 많이 소모되며, 변경시키기에도 많은 노력과 비용이 들기 때문이다. 또한 인력과 인구의 수는 한정되는 가운데, 경제규모에 따른 공간구조는 어느 정도 성장이 이루어진 나라에는 이미 그 적정규모를 넘어 포화상태를 보이고 있다.

이런 상황에서 건축분야는 필연적으로, 손쉽게 건물의 속성과 이미지를 바꾸는 방법으로, 외피의 속성을 손쉽게 변화시킬 수 있는 재료와 물성과 리모델링 기법에 관심을 가질 수밖에 없다. 유연적 생산구조와 소비구조에 비해 상대적으로 견고하고 구축적 약점을 지닌 건축물로서는 최대한의 대응책인 셈이다.

설계경기 등에서 당선작과 학생작품과 아방가르드적인 건축가군들이 사용하는 이미지들은 외피에 많은 관심을 두고 디자인 되고 있다. 어떻게 보면 손쉬운 디자인 방법론이다. 그런데 과연 한국의 설계분야의 인력들이 외피의 속성을 제대로 이해하거나 재료의 속성과 특성을 제대로 이해하면서 이미지들을 생산하는가 하는 면에 있어서는 본인의 이전 경험에 비추어 보았을 때 회의적이다.

이 책을 준비하면서 역자는 한국에서 유리에 관한 참고서적이 이렇게도 부족한가에 대해 다시한번 놀라게 되었다. 본 서적에 소개되고 있는 사례들이 현재 국내건축계에서는 기법상 모르고 있거나 거의 인식조차 못하는 경우가 많기 때문이다. 물성과 재료자체에 대한 이해 없이 이미지가 양산되고 있다는 것은 아이러니이다. 이 책이 외피의 연구에 도움이 되었으면 하는 바람이다.

임기택

배 경

1990년까지 건축에 사용되는 유리예술은 여러 해 동안 외면받고 기능장애의 상태속에 있었다. 대부분의 건축 유리 예술가들이 사용했던 핵심기술은 근 천년동안이나 변하지 않았던 것이다. 20세기를 통틀어 예술가들은 디자인과 관련하여 새로운 어휘를 개발했다. 그러나 이러한 디자인들에 종종 적용되었던 기본적인 방식은 여전히 본질적으로 중세의 기술이었다.

이러한 상황은 이제 급변하였다. 10년 정도의 짧은 기간동안에 공간에서, "납유리"는 마침내 유리와 예술 그리고 건축에 동시에 삽입되는 주요한 방식으로 대체되게 되었다. 그렇다면, 어떻게, 어째서 이러한 현상이 발생하게 되었을까?

대개 그것은 모던 건축가들과 기술자들이 건물에 대해서 생각한 방식을 반영한 결과이다. 오늘날, 우리가 얻고자 열망하는 모듈과 콘텍스트, 기초적 미학과 관련된 어휘들은 모두 변화되었다. 납유리는 60-90cm의 작은 패널로 제작되면서 발전했다.

이것은 스테인드글라스 유리로는 이상적인 크기이다. 이러한 넓이의 패널은 각각을 쌓아올릴 수 있다. 이러한 넓이의 패널은 다른 패널 위에 쌓아놓을 수 있고, 부가적으로 흘러내리지 않게 조금만 신경을 쓰면, 얇고 긴 창문으로 만들 수 있다. 스테인드글라스는 유연하고 유동적이고 내구성이 있다. 그러나 그것은 구조적으로 지탱하는 힘과 내재적인 강도가 없으며 그것을 세우려면 부가적인 구조가 필요하다.

이것은 건축가들이 원하는 것이 아니다. 건축가들은 솔리드한 벽체 가운데 갈라진 틈과 같은 틈새에 쓰이는 것이 아니라 전체가 유리로 된 벽을 원한다.

그들은 이음매나 프레임이 없고 무게가 나가지 않는 건축적 경험을 원한다. 그들은 너비 1미터 이상, 길이 2.5m 이상의 유리 패널을 원한다. 그들은 이러한 크기의 유리재료를 부가적인 구조가 전혀 없이 힘들이지 않고 그들이 설계한 건물에 통합시킬 수 있다. 납유리는 이러한 이상적인 미학적 분야에서는 더 이상 설자리가 없다. 그것이 아름다운 건축어휘를 나타내고 있지만, 그것은 더 이상 모던

위. **버밍햄 국제 컨벤션 센터**
영국 버밍햄 소재. 1991년작. 알렉산더 블레첸코Alexander Blechenko 제작. 프린트 시켜 블로운 유리에 많은 가는 띠가 겹쳐져 있다.

위. **버밍햄 국제 컨벤션 센터**
거의 1000kg의 무게가 나가는 예술작품임에도 불구하고, 정교한 디테일과 공학기술로 인해 그것은 마치 떠다니는 공중의 공기와 같은 인상을 준다. 디자인은 비대칭적인 것과 세련된 것을 가지고 있는 솔리드 부분과 예견 가능한 부분들이 완벽한 조합을 만들어내고 있다.

최상부. **허트 텐트, Diplomatic Club**,사우디 아라비아 리야드 소재. 프라이 오토Frei Otto 제작. 종종 유럽의 벅민스터 퓰러라고 불리는 독일 건축가 프라이 오토는 인장 구조물의 경계를 늘리는데 모든 관심을 집중했다. 이러한 케이블 인장의 텐트와 같은 랜드마크적인 구조물은 유리에 대한 가능한 모든 도전과 기술적인 선적 구성을 지니면서 문제점을 해결하려고 노력하고 있다.

위. **허트 텐트, Diplomatic Club**, Bettina Otto(프라이 오토의 딸)이 이끄는 5명의 장인이 팀을 이루어 수행한 이 회화들은 완성하는데 1년 이상이 걸렸다. 그 작업은 투명, 불투명 에나멜을 동시에 포함하고 있으며, 강화 플로트 유리를 사용하여 수행된 것 중 이러한 크기로 제작된 첫 작품이었다.

건축의 어휘는 아니다.
그래서 1900년대의 대부분의 기간동안, 프랭크 로이드 라이트와 찰스 레니 매킨토시와 1920년대 영향력 있던 바우하우스 운동 등의 세기 초의 비호에도 불구하고, 스테인드글라스는 실제로 모던 건축가들로부터 지지를 얻어내지 못했다. 그것은 자체로는 사랑받았지만 완전히 시대에 뒤떨어진 기술을 가진 죄수처럼 침체된 상태로 남아 있었다.

이러한 상황이 사실상 1990년대까지 변하지 않았다. 그러나 10년도 채 안되는 기간동안, 건축예술 유리는 건축의 파트너가 되기 시작했고 종종 건축가가 탐구해야할 어휘(재료와 색과 형태의 어휘를 확장하는 것)가 되었다. 이제 우리는 완전히 자체적으로 혁신된 산업을 목도하게 되었다. 그것은 필수불가결하고 너무나 논리적으로 보이기 때문에, 유리의 세계에 있어서의 모든 변화를 완벽하게 감지할 수는 없다.

오늘날 "스테인드글라스 예술가"라는 직업은 거의 없다고 할 수 있다. 그들은 이제 유리 예술가 혹은 건축 유리 예술가 혹은 아마도 유리로 작업하는 예술가들이 되었다.

동시대 건물 중 납유리를 쓰는 것은 거의 없다. 그만큼 디자인과 기술어휘가 발전되었다. 또 새로운 건물에 통합될 수 있는 매개물에 대한 잠재성이 대단히 넓게 확장되었다.

새로운 기술

이러한 점진적인 발전을 규정하는 것은 그 시대의 변화하는 정신을 반영하면서, 상징적인 이정표가 되었던 몇몇의 개별적 이벤트들을 기술함으로써 가능할 것이다.

알렉산더 블레첸코Alexander Beleschenko의 1986년의 Stokely Park 유리작업(Adrew Moor의 현대 스테인드글라스Contemporary Stained Glass 참조할 것)은 그의 주요 프로젝트중 하나이고, 납의 경계를 두지 않고 작업하는 능력을 보여주고 있다. 그의 "샌드위치" 기술은 블로운 유리(수세기 동안 납유리에서 사용되었던)를 절단하여 작업한 유리를 포함하고 있다.

그것은 강화 유리의 두개의 레이어 사이에 함께 조각들을 끼워넣는 것이다. 그 결과, 8페이지의 버밍엄 컨벤션 센터에서 보여진 패널에서처럼, 아름답고 섬세할 수 있었던 것이다. 이 기술의 불리한 점은 후면의 착색유리를 불명료하게 만들면서, 거울처럼 작용하는 성향과 세개의 층을 가진 패널들로 인해 유리가 무거워 진다는 문제점이 있다. 그럼에도 불구하고, 버밍햄에 있는 블레첸코가 계획한 프로젝

상. **테이트 갤러리**, St Ives, 영국, 1994년작.
4.85x4.95m (15.9x16.2피트): 예술가 Patrick Heron 제작. 이 창문은 두개의 32mm(1.3인치) 두께의 강화유리 돌출판이 있는 유리패널을 지지시켜 설치되었다. 그 작품은 플로트 유리에 앤틱유리를 적층시켜 만든 첫 번째 대규모 프로젝트들 중 하나였다.

우상. **The Merseyway**, Stockport, 영국, 1995년작.
Graham Jones 제작.
예술가가 만든 대규모 계획의 디테일들은 납으로 된 그래픽 선이 없이 모든 스테인드 글라스 기법을 사용하면서도 어떻게 적층 앤틱 유리창이 대부분의 회화중심의 효과를 창조할 수 있는지를 보여준다.

좌상 내부 벽. **AUBIER 호텔**
스위스 Neuchatel 소재. 1991년작. 크기: 5.4×5.6m(17.7×18.4ft). Udo Zembok 제작. 그 작업은 전적으로 플로트 유리위에 착색 에나멜을 붓고 강화 유리에 합판유리로 만들어 제작했다.

우상. **CHELSEA FLOWER SHOW,**
런던 소재. 2004년작. 용융 유리로 제작되었다. 이 패널은 전형적인 슬럼프 유리의 질감을 보여주고 있다. 그 유리는 반복 패턴이 없는데, 거의 유기적으로 이렇게 풍부한 질감의 표면을 형성하고 있다.

위 **ING 은행 본사,**
네덜란드 암스텔담 소재. 1987년작. 크기: 150sqm (1,600sqft). 이 프로젝트는 앤틱 유리와 플로트 유리의 빈 공간의 질감과 대조를 이루고 있는 명백한 영역을 남기면서, 합판 앤틱 유리에서 강화 플로트 유리로 제작되었다.

트의 뛰어난 면모는 바로 그가 그 유리를 마치 무게감이 없이 공기 중에 떠있는 것처럼 만들었다는 점이다.

이러한 기술은 아마도, 기초가 되는 유리에 직접적으로 만드는 합판(혹은 접착한) 앤틱(블로운)유리 때문에 그동안 널리 사용되지는 못했다.

앤틱 유리를 합판유리로 만들기

앤틱 유리를 합판유리화 시켜 플로트유리로 만드는 것이 이제는 상용화 되었다. 이러한 기술의 가장 큰 이점은 구조적으로 견고한 넓은 패널이 제작 가능해진다는 점이다.(1994년 영국, St, Ives 테이트 갤러리를 참조할 것), 그러나 납을 둘레에 만들지 않고서도 블로운 유리만큼의 놀랄만한 품질을 지니고 있다. 스테인드글라스에 익숙해져 있는 사람들에게, 이것은 만족할만한 발전이다. 전체적으로 색의 아름다움과 질감과 스테인드글라스의 느낌을 주는 기술이 여전히 유효하기 때문이다. 단지 납이 사라졌을 뿐이다.

플로트 유리 위의 에나멜 착색

유리위에 에나멜 착색기법은 20년 전보다 오늘날에 더욱 폭넓게 사용되고 있다. 에나겔 자체는 그다지 다르지 않다. 그리고 수 년 동안 사용되어 왔던 것이다. 더욱 중요한 변화는 아마도 넓은 판의 유리를 다룰 수 있는 가마의 가격이 떨어졌다는 점이다. 이것들은 또한 공간도 덜 차지하고, 컴퓨터 프로그램을 통해 작동하기가 더욱 쉬워졌다.

에나멜은 유리위에 붓으로 칠하거나, 문지를 수 있으며, 혹은 스크린 프린트를 뜰 수도 있고 에어 브러쉬로 칠할 수도 있다. 따라서 놀랄만한 결과를 얻을 수도 있다. 그러나 모든 기술이 그러하듯이, 그것을 숙련시키는 테에는 경험이 필요하다. 그리고 지속적인 실험이 그들의 잠재성을 뛰어넘기 위해 필요하다. 많은 예술가들 중 몇몇은 여전히, 무언가 중요한 결과를 성취하는데 있어서, 플로트 유리의 가능성에 대해서 의심하고 있다. 같은 방식으로, 질감과 색의 품질 때문에 몇몇 화가들이 아크릴 물감으로 작업하지 않는 것은 오일 페인트와 필적할 수 없기 때문이다.

모래분사 유리

투명성과 반투명성의 그라데이션의 느낌을 얻기 위해, 그리고 유리에서 안정적인 형태를

위. **도트 매트릭스의 디테일**
사우디 아라비아 리야드 Faisaliah 센터 소재. 2002년작. Brian Clarke제작.
이 디테일은 물고기 이미지에서 취한 것으로 두개의 유리의 면 위에 거대한 스케일의 도트로 작업하는 방법으로 클라크는 이미지와 추상의 모호함을 얻게 되었다.

우측. **HOLY SPRIT 교회**
독일 Friedberg 소재. 2004년작. 이것은 거대한 교회 프로젝트에 있는 유리창 중 하나이다. 배경의 모든 파란색 부분은 플로트 유리 위에 스크린 프린트된 것이다. 노란색과 녹색의 파편화된 부분은 이후에 접착시킨 것이다.

만들기 위해 유리에 모래분사작업을 하는 것은 대략 100년 이상의 역사를 가지고 있다. 몇몇 예술가들은 연마시킨 표면에 색을 첨가하는 것을 좋아한다. 특정 예술가들과 장인들은 그러한 결과를 얻기 위해 사용하는 여러 다른 방식의 생산물이 있다. 그리고 그 효과는 매우 훌륭할 수 있다. 그들은 때때로 강한 질감으로 엮여진, 색의 화려함을 표현하는데, 그것은 다른 방식을 써서 쉽게 조화될 수 없다.

슬럼프 유리Slumped glass

20년 전에는 이러한 것은 거의 들어보지 못한 매체였다. 플로리안 레크너Florian Lechner와 같은 몇몇의 인물이 특별한 슬럼프 유리로 된 작품을 만들었을 뿐이다. 그러나 대부분 그것은 알려지지 않았다. 심지어 1990년까지도 여전히 슬럼프 유리 자체를 구하기도 힘들었다.

이제 슬럼프 유리는 전 세계에 걸쳐 통용되고 있다. 유기적인 부드러움을 지닌 유리의 질감을 가지고 있으면서 한편으로 기묘하고 자연스런 방식의 거친 느낌을 지니기도 한다. 그것은 빛에 희미하게 반짝인다. 그리고 각각의 조각은 독특하다. 최근에, 큰 가마를 가지고 있는 회사들은 많은 층이 있는 유리를 함께 통합시켜 두꺼운 슬래브의 유리를 만드는 기술을 획득했다. 용융유리는 제작단가가 비싼 제품이다.

왜냐하면 오랜 냉각기간이 수일, 심지어 수 주 동안의 비싼 장비와 연결되어 있기 때문이다. 그러나 가마의 가격이 낮아지는 것과 100mm(4인치) 두께의 마술적인 외적 특성이 가격에도 불구하고 그 제품을 매력적으로 만들고 있다.

착색 합판 유리

이 산업 프로세스는 일정기간 수작업으로 이루어졌었다. 그러나 이제는 세계적인 대기업에 의해 개발되어 제작되고 있다. Vanceva 유리는 이제 전 세계에서 구할 수 있으며 이 책에서 여러 번 기술되어 있다.

필름 유리

21세기에 유리 산업은 플라스틱의 마술적 특성과 컴퓨터의 두 영역이 조합되면서 벌어지는 화려함 때문에 영역이 침범되었다. 플로트 유리 위에 붙일 수 있는 색 필름은 유용하고 놀랄 만큼 내구성이 있다. 사용가능한 색의 범위는 놀랄 만큼 다양하다. 그리고 다른 레이어를 혼합시켜 에칭 시킨 필름 안에 덧붙임으로써 획득할 수 있는 다양함이란 실로 대단하다.

이후에 나온 것은 디지털 프린트시킨 필름이 있는데, 이것은 유리 위에 붙일 수 있고 심지어는 두 개 층의 유리사이에 합판작업을 할 수 있다. 이것은 모두 네 개의 칼라 프린팅을 할 수 있는 이점을 가지고 있는데, 그것은 상대적으로 낮은 가격대와 디자인의 보편적 어휘와 실행과정, 그리고 몇 년에 한번씩 새로운 느낌을 만들어내는 것을 좋아하는 사람들을 위해 일시적으로 사용하는 필름을 포함하고 있다.

이것을 과연 예술이라 말할 수 있을까?

적어도 한 예술가는 이 책에서 나와 있는 대로, 건축가들과 예술가들의 유리디자인을 혼합시키려는 나의 계획에 관하여 우려를 표명했다. 그리고 다음과 같이 말했다. "건축가들의 작업과 일종의 예술적인 장식적 장치들 사이에는 구별이 있다." 그러나 이 책은 예술로서 혹은 아름답고 기능적인 건물을 디자인 하려고 하는 건축가의 협력자가 되는데 있어서 유리로 무엇을 할 수 있을까에 대한 것을 보여주고자 하는 의도를 가지고 있다.

그럼에도 불구하고, 바라보는 관점에 따라 중요한 문제가 제기될 수도 있다. 한편, 우리는 유리가 건물에 디테일이나 장식으로 사용될 수 있는 모든 방식을 다 이해한 것도 아니다. 희망컨대, 이 책이 조명하고자 하는 것들 중의 하나는 유리에 무언가를 "시도함으로써" 얼마나 많이 성취하고 어떻게 단순하게 그리고 비교적 어떻게 저가로 좋은 효과를 얻을 수 있는 가를 보여주자는 것이다.

장식적 장치로 유리를 사용하는 것이 무언가 잘못된 것일까? "예술"이 미술과 구분될 수 있을 것인가? 강조할만한 사실은 복잡한 연속체continuum가 예술과 장식을 결합하는 것이다.

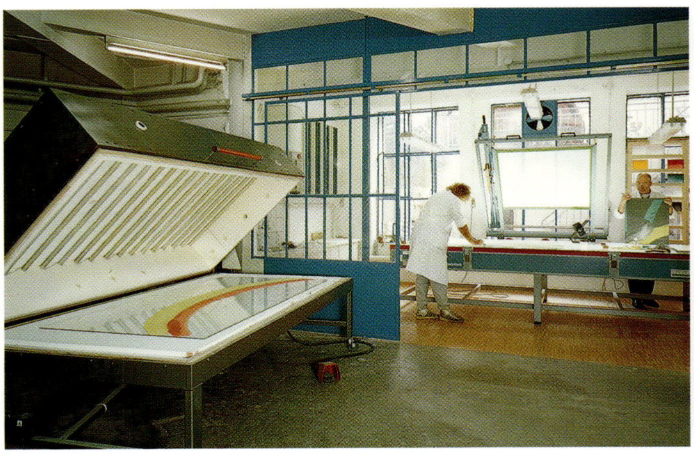

상. 이것은 뮌헨에 있는 프란츠 마이어Franz Mayer 스튜디오에 있는 몇몇 설비들을(대략 1992년) 보여주고 있는데, 이 스튜디오는 현대기술과 제작 장비를 함께 이용하여 제작하면서 예술가들을 돕는 대규모 스튜디오 중 하나이다.

우상. 이 사진은 Ken Leap의 Bayonne 역사 프로젝트의 일부를 보여주고 있다.(77페이지 참조). 사진은 독일 Wiesbaden근처에 있는 Derix Glass 스튜디오에서 제작중에 있는 장면이다. 한 장인이 굽기 전에 유리위에 에나멜을 에어 브러쉬 작업하고 있다.

위. ST ANDREA
독일 에센 소재. 1993년작. 조켐 포엔스겐 제작. 샌드위치 기법과 희미하게 빛나는 패턴들을 창조하는 레이어 층에 단순한 공장제 유리를 사용함으로써, 포엔스겐은 건축 유리 예술가에 의해 "장식"의 예술 감각을 증명해보이고 있다.

스페인 빌바오에 있는 게리의 구겐하임 미술관은 확실히 우리를 환상적이고 기념비적인 예술작업 앞에 서있다고 느끼게 만든다. 또한 내부의 전시물들은 건물 자체에 필적하기에는 부족할 수도 있을지 모른다. 예술과 건축과 디자인은 서로에게 영향을 끼치고 각각 영향을 받으면서(때때로 같은 공간에서 서로 경쟁하면서) 같이 뒹굴며 잠자리를 함께하는 사이이다.

건축가와 예술가

이 두 "직업"이 형제자매 관계이거나 단순히 거리가 있는 사촌정도의 관계인지에 대해서는 논쟁의 여지가 있다. 거기에는 항상 진정으로 그들의 독창성과 도면작성 기술과 시각적 어휘를 변화시킬 수 있는 능력을 확장시키고 분화시켰던 예술가/건축가들이 있어왔다.(가우디, 프랭크 로이드 라이트, 그리고 프랭크 게리) 그러나 그것들이 통합되는 순간이나 콘텍스트가 있었다고 할지라도, 건축과 예술의 어휘는 여러 면에서 다른 어휘이고 완전히 다른 대상을 가지고 있다.

아마도, 지난세기의 가장 훌륭한 건축 유리 예술가는 독일 유리 디자이너인 조켐 포엔스겐Jochem Poensgen 일 것이다. 그의 영감 넘치는 팜플렛 *Glaskunst in Architektur*(1987)에서 그는 유리 예술가들에게 "공공의 무관심"과 투쟁하라고 촉구하고 있다. 그 말은 그들의 작업이 숙련되었지만 인식되지 않는다는 것을 의미한다. 그는 "건축 예술의 완벽한 작업이 대중의 관심을 크게 소리쳐 요구하지 않으면 일상적인 반응 정도밖에 얻지 못할 것이다." 라고 말하고 있다. 그의 작업의 한 가지 강력한 면모는 반복의 요소이다. 1993년도에 Essen에 그가 제작한 교회 창문에서, 그는 유리에 패턴을 새겨 넣어 아무런 일탈적 요소가 없이 예술가로서 리듬을 파괴하거나 훼손시키는 느낌을 주지 않으면서 반복적 느낌을 주고 있다. 건축의 많은 부분은 리듬을 창조하는 것과 관련되어 있다. 건축 디테일의 본질은 종종 반복속에서 실체를 성취하는 반복된 모티프를 만드는 것이다.
하나의 페디먼트는 자칫 지루해보일 수 있을

것이다. 일련의 페디먼트들은 강력한 효과를 줄 수 있다. 하나의 기둥은 적은 것밖에는 성취할 수 없을 것이다. 일렬의 기둥은 리듬을 만들어낸다. 포엔스겐의 작업은 어떻게 건축유리 예술가들이 건축물을 고취시키는 장치를 개발하는데 있어서 건축가와 협업할 수 있는 가에 대한 모델역할을 할 수 있을 것이다. 그러나 꼭 예술이 되고자 열망할 필요는 없다. 아마도, 일상생활에서 종종 그런 것같이, 목표를 성취하고자 하는 것을 포기하는 순간이 바로 그런 순간이 될 것이다. 때때로 궁극적인 성공에 이르는 핵심이 되는 것이 바로 원래 의도대로 정숙함이 될 수 있을 것이다.

콘텍스트

에나멜 칠한 착색유리가 성공적인 효과를 가져올 수 있는 콘텍스트의 풍부함은 매우 지대하다. 햇빛 양을 감소시키는 단순한 도트 매트릭스 대신에, 이미지들(사진, 그림, 그래픽)이 연구될 수 있을 것이다. 건물의 평활한 면은 점증하는 톤을 사용함으로써 물결모양의 곡선으로 바꿀 수 있을 것이다. 미래의 마천루는 빛을 반사하거나 투과시키면서, 착색유리의 띠무늬로 인해 강조될 수 있다.

몇몇 장소에서는 다른 곳보다 더욱 뚜렷한 선택 사항이 있을 수 있다. 외부의 계단실은 이상적인 장소로서, 바로 이곳에서 외부에서 볼 수 있는 연속적인 긴 "회화"를 창조하는 것이 가능할 것이다. 반대로 내부는 한 층에서 다른 층으로 이동하는 사람에게 일시적인 자극을 줄 것이다. 계단실은 거주하는 공간이 아니다. 그곳은 전이 공간이다. 유리라는 재료가 매우 잠재성이 큰 매개체이기 때문에, 전이 공간은 종종 디자인하기에 가장 적절한 곳이다. 왜냐하면 거주 공간은 덜 활동적인 것을 필요로 하는 반면, 계단실의 경험은 순간적이지만 극적 느낌에 전적으로 더 적당할 수 있기 때문이다. 그러나 유리가 사용되고 있는 거의 모든 곳에서 유리를 장식하는데 필요한 콘텍스트(이미지)를 부여할 수 있다는 것을 언급하는 것은 너무나 명백해 보인다. 이러한 기회를 얻게 되는 것은 바로 비전이 있는 건축가이고, 그들의 목표를 가장 훌륭하게 성취할 수 있는 예술가들과 협력하는 것을 즐기는 사람들이다.

최상부. **Stuart Reid가 제작한 삽화**, 2003
이 환상적인 삽화는 스튜어트 레이드가 캐나다 토론토 지역의 발전을 나타내는 표현의 일부로 찍어낸 잘 제작된 요소이다.

위 **"천국의 길"** 미국 메릴랜드 주 볼티모어/워싱턴 국제공항 소재. 2005년작. 앤틱 유리가 부유하는 느낌을 주기 위해 합판유리로 제작되었다. Southwest Airlines 터미널에 있는 이 창문은 밤에 공항에 도착하는 사람들에게 등대와 같은 느낌을 주면서 비행기에서 탑승하고 내리는 승객들에게 비춰질 것이다.

ARCHITECTURE

유리는 현대건축의 외피의 주요 부분과 실내 칸막이벽을 형성시키는데 사용된다. 그것은 또한 난간과 엘리베이터와 책상과 또한 생각할 수 있는 모든 것에 사용된다.

유리에 색을 첨가하는 것은 패턴과 질감과 색조의 그라데이션과 다른 요소들과 같이 그다지 어려운 것이 아닌데, 이 모든 것들은 그 매체의 자유 자재함을 더해주는 것들이다. 이것은 적절한 가격으로 이용할 수 있는 어휘 요소이다. 그리고 그것은 건물의 특성을 변형시킬 수 있다. 그럼에도 불구하고 그것은 놀랍게도, 아직 널리 실행되지 않은 방식이다.

유리와 색은 강력한 조합을 이룬다. 이 책의 많은 이미지들에서 본 것처럼, 건물의 외관의 일부로서 색의 사용은 주위에 대하여 즉각적으로 강력한 효과를 나타낸다. 그리고 유리가 실내에서 경험되었을 때, 실내 공간은 변화될 수 있다.

단순히 건물에 "장식적" 요소로 쓰이기만 하는 유리 예술작품은 정말로 드문 일이며, 많은 예술가들은 일부 장식요소로 그들의 작업을 평가하는 것에 불쾌해할 것이다. 그러나 이렇게 건축부문에 포함되는 많은 부분이 예술가와 협력하면서 성취되었다는 것은 눈여겨볼만한 부분이다. 예를 들어, pp.54-55에서 나오는 예술가 리암 길릭Liam Gillick과 건축가 테리 파렐Terry Parrell Partnership사이의 협력관계는 적절한 협력관계가 얼마나 성공적으로 이루어질 수 있는지에 대해서 보여주고 있다. 그 작업은 비록 그 내용면에서 미니멀적이지만 매우 지대한 영향력을 끼치고 있다. 그것은 상대적으로 적은 비용으로 완성되었다. 그리고 아마도 개념의 정숙함과 심플함이 건물에 잘 통합되어 표현되었다.

그 아이디어는 예술이 매력적으로 보이지 않게 할 필요가 있는 실패한 건물에 덧붙여진 것이라는 몇몇 건축가들의 철학속에 잘 담겨져 있다. 이것은 아마도 사람들이 거주하기 시작하면 미학적 창조에 치명타가 된다고 간주하는, 슬픈 시각이다. 어느 정도의 문제점이 예술가와 건축가의 관계 가운데 존재할 것이다. 우리는 특정한, 전체로서의 다른 일부분에 대한 시각을 갖기 쉽다. 어떤 사람은 말하기 좋아하고, 또 다른 사람은 무수히 많은 사람들의 관심을 종합하고자 한다. 그러나 그들이 성공적으로 같이 일하게 되면, 그 결과는 아주 훌륭할 수 있다.

전 페이지. **TOWN HALL** 오스트리아 인스부르크 소재. 2002년작. 건축가: 도미니크 페로, 예술가: Peter Kogler. 그 이미지는 이 5층 크기의 예술작품이자 건축물의 일부분이다. 검은색으로 프린트된 것으로, 네 개의 원본 디자인들이 막스 에셔Max Escher의 삽화와 같이 복잡하고 삼차원적인 이야기체구성을 취하면서 짜여져 있다.

위. **NOVARITS 캠퍼스** 스위스, 바젤 소재. 2005년작. 건축가: Diener & Diener. 예술가: 건축가 Gerikd Wiederin과 작업한 Helmut Federle
착색유리 패널은 이 거대한 파사드 전체에 유리 패턴을 변화시키면서 세 개의 다른 면으로 배열되고 수직 봉에 의해 지지되고 있다.

우상, 우측중간, 우하. **EURALILLE** 프랑스 리유 소재. 1995년작. 건축가: 장 누벨. 두개의 건물사이의 이렇게 연결시킨 것은 리유에 있는 거대하고 상업적인 복합 프로젝트의 일부를 형성시키고 있다. 외부의 사진은 천연색이나 흑백의 디지털 필름을 혼합하여 사용하고 있음을 보여주고 있다. 내부 사무실 영역을 보면 우리는 상상적인 것이 외부의 전경에 어떻게 모호하게 사용되었는가를 알 수 있게 될 것이다. 그것은 대개 고속도로와 자동차들이다. 그것은 동시에 최신의 기술을 사용하곤 하는 장 누벨과 같은 모험심 넘치는 건축가의 전형적 작품이 되고 있다.

건축계에서, 에나멜 착색 유리는 종종 프리트 유리(유리질 혼합 유리)로 알려져 있다. '유리 원료 혼합물fritt'이라는 단어는 "굽는다" 혹은 "튀긴다"라는 의미를 지니고 있는 라틴어에서 파생된 것이다. 프리트 유리는 에나멜의 이미지를 지니고 있는 유리이다. 프리트 유리는 에나멜 이미지 혹은 그 표면에 화염처리를 하거나 표면을 구운 유리이다. 굽는 처리는 천천히 열을 가하고 천천히 냉각시켜 만든 것이다. 그러나 종종 그 프로세스에서 유리가 경화되는 동안 벌어지게 된다. 경화되면서, 유리는 빠르게 가열되고 빠르게 냉각된다. 따라서 느리게 움직이는 분자들의 표면 내부에서 빠르게 움직이는 분자들을 분리시키게 된다. 이것은 재료에 아주 향상된 힘과 유연성을 부여한다. 그리고 또한 이것은 그것이 유리를 넓고 위험할 정도로 날카로운 껍질보다는 오히려 수천 개의 작은 조각들로 된 파편들을 만드는 것을 의미한다. 앞으로 전 세계의 시공현장에서 사용되는 것을 살펴보겠지만, 이것은 구조에 쓰일 수 있는 유리이다.

모든 강화유리는 표면에 모든 종류의 프린트된 이미지들을 쉽게 삽입시킬 수 있다. 그러나 유리 한쪽 면에 이미지를 프린트하는 것은 지난한 과정의 작업이다. 스크린이 원본크기와 같이 제작되어야 한다. 이후 이것은 프레스로 압착되어야 하며, 위치가 정확하게 맞추어져야 하고 그렇게 되면 비로소 하나의 유리판

위, 우상, 가장 우측. **루이비통 상점**
일본 나고야 소재. 1999년작. 건축가: 준 아오키.
일본 건축가 아오키는 유리를 변형시켜 일본 종이 스크린과 비슷하지 않은 반투명 막으로 만들 수 있는 특별함을 보여주고 있다. 나고야에 있는 이 루이비통 상점은 아오키의 패턴사용방식을 보여준다. 이 사례에서는 일단 드러나면서 은은하게 표현되는 구름무늬 효과를 두드러지게 만들기 위해 유리 양 쪽 면에 프린트시켰다. 그것은 시각적으로 시선을 사로잡고 기억에 남는 모습을 창조해내고 있다.

좌, 상, 하. **오피스와 주거동.** 오스트리아 비엔나 소재. 2003년작. 건축가: Delugan Meissi.
현재 층의 사무실과 거주용 건물은 105개의 스크린 프린트된 유리 패널로 구성되어 있다. 거기에는 두개의 수평적인 이미지들과 하나의 수직적 이미지가 있다. 그럼에도 불구하고 전체적인 것은 어느 면에서 끝이 없이 반복적인 것으로 나타나는 것을 거부하고 있다. 밤에는 내부의 빛이 스크린에 막히고 외부에는 정숙한 느낌을 주는 스크린 막을 성취시킬 수 있었다. 햇빛에 마술적인 패널의 그림자를 발코니 층에 주고 있다.

이 완성되게 된다. 그러나 더 많은 유리판을 프린트하는 것은 상대적으로 속도가 빠르다.

따라서 비록 이러한 급격한 경사가 10개의 패널을 제작한 이후에는 점차 뭉개지기 시작하지만, 반복된 이미지들을 사용하는 것은 대폭 비용을 줄일 수 있는 방법이다.

이러한 과정이 건축가들에게 제공하는 기회는 실로 대단하다. -일조량은 유리위의 에나멜 착색된 이미지에 의해 상당한 정도로 축소될 수 있다.

굽는 처리과정은 흰색의 도트로만 되는 것은 아니다. 이렇게 흰색의 사각형이나 다른 종류의 표현을 통해 사람들이 유리에 충돌하는 것을 막아주는 표현이 된다. 어떠한 표현도 가능하다. 그리고 건물 파사드의 형태와 시각적 특성에 따라 완전히 새로운 어휘가 될 수 있다.

1 **병원 약사협회.**
스위스 바젤 소재. 1998년작. 0 사진은 창문을 통해 내부 아트리움을 찍은 것인데, 이것은 도트의 이미지가 어떻게 유리에 작용하는지를 보여주고 있다.

2 **병원 약사협회.**
단순한 블록형태의 건물은 칼라와 그래픽 패턴의 강력한 모습을 통해 특성과 아이덴티티를 부여하고 있다. 그 패턴은 선이 투시도적으로 한점에 보이는 방식을 강조하고 있다.

헤르조크와 드 뫼롱은 건물 파사드에 대한 새로운 접근방식을 시도한 개척자들이다. 투명하든 불투명하던 간에, 이 건물들은 하루의 각 시간과 일년 중 계절에 따라 변화한다. 그리고, 점묘화가의 작품과 같이, 그 파사드는 가까운 범위에서 보는 것보다 먼 곳에서 떨어져 볼 때 다르게 읽혀진다.

스위스 바젤의 Kantonsspital의 Rosetti 코트에 있는 병원 약사협회 건물 전체가 사각형 패널 형태로 되어, 녹색의 그리드 도트가 있는 스크린 프린트된 유리가 입혀져 있다. 유리는 구멍을 낸 철재 패널의 내부 벽에서 밖의 것을 붙잡고 있는 철재 뼈대(스트럿)로 지지된다. 멀리 떨어져서 보면, 그 건물은 거의 옵아트와 비슷하게 진동하고 반짝이는 유리를 겉면에 두른 박스로 인지된다. 두개의 다른 도트 패턴들의 역할은 구름 효과를 만들어내고 있다.

Karl Blossfeldt가 찍은 사진에서 보면, 스위스 국적의 리콜라 회사(24-25페이지 참고)의 의뢰로 제작한 프

1

2

랑스 Mulhouse에 있는 작품에서 건축가들은 그 창고를 그다지 비싸지 않은 반복된 잎사귀 모티프가 찍혀져 있는 폴리 카보네이트로 스크린 프린트시킨 재료로 입혔다. 프린트된 이미지들은 또 다시 Eberswalde 기술대학 도서관의 핵심 컨셉이 되었다.

Cottbus에 있는 브란덴브루크 기술대학 도서관(26-7 참조할 것)은 파사드에 일종의 비물질화의 결과를 만들어 내면서, 한 단계 더 나아가 외피를 입히는 데 있어서 스크린 프린트를 사용하고 있다. 외부의 모든 유리패널은 무작위로 된 거대한 문자들로 스크린 프린트 되어 있다. 결과로 나타나는 추상적인 패턴은 내부에 태양빛을 막아주는 만큼 일종의 프라이버시를 보장한다. 낮에는 내부로부터 스크린프린트 된 글자들이 빛나는 하얀색의 스크린으로 용해된다. 밤에 그 패턴은 붓글씨가 거칠게 표현되는 것처럼 대담하고 추상적으로 보인다.

3

4

5

3 Eberswalde 기술대학 도서관
독일 Eberswade 소재. 1999년작. 외부를 확대한 사진을 보면 얼마나 효과적으로 반복된 이미지들이 가능성이 있는지를 보여주고 있다. 진입부의 포치는 다른 방식으로 표현할 수 있는 이미지들의 기회를 제공하고 있다.

4 Eberswalde 기술대학 도서관
회랑을 연결한 것에서 우리는 스테인드글라스 창문이 어두운 고딕성당의 내부에 컬러풀한 패턴을 투과하는 방법을 회상시키는 방식과 마찬가지로 어떻게 햇빛이 층과 벽에 있는 이미지를 투여하는지를 알 수 있다.

5 Eberswalde 기술대학 도서관
멀리에서 보면, 사진적인 이미지들은 단순히 질감적인 장식 형태들로 되돌아가고 있는데, 그것은 외부 파사드에 리듬감 있는 잔물결의 무늬를 형성하고 있다.

6

7

8

6 **리콜라 창고.** 프랑스 Mulhouse 소재, 1993년 작. 이렇게 대중적으로 잘 알려져 있는 프로젝트는 건축가들에게 파사드에 반복된 이미지의 단순한 장치를 더욱 추구하고 이용할 수 있게 독려해주었을 수도 있다. 그것은 공간을 둘러싸고 있지만 여전히 내부에 상당히 많은 양의 자연광을 끌어들이고 있다.

7 8 **리콜라 창고.** 이 단색의 프린트는 장식적 부조 장식과 같이 나타나게 하고 있다. 그리고 외부의 단일한 면에 삼차원적인 특성을 부과하고 있다.

9

10

11

9 Cottbus 정보, 교류, 미디어센터
독일 Cottbus 브란덴부르크 기술 대학 소재. 2004년작. 중세의 성과 같이 솟아올라 신화적으로 흰색의 빛나는 외관을 가지고 있는 이 도서관 건물은 서서히 그 자체를 무작위적인 글자를 뒤범벅하여 놓은 듯이 뒤덮혀 있다.

10 Cottbus 정보, 교류, 미디어센터
더 오랫동안 들여다보면, 모든 패널들이 다르다는 것을 알게 될 것이다. 이미지들의 반복되는 특성이 교묘하게 위장되었다. 특히, 실제 글자의 크기에 있어서 많은 변화들에 의하여 그렇게 되고 있다.

12

11 **Cottbus 정보, 교류, 미디어센터**
레터링을 인식할 수 있지만, 신중한 형태로 나타난다. 프린팅이 구석으로 갈수록 옅어지는 도트 형태로 표현되어 있다. 내부에서 명확하게 외부 투시를 가능하게 하지만, 그럼에도 불구하고 빛 양을 감소시키고 있다.

12 **Cottbus 정보, 교류, 미디어센터**
밤에는 레터링이 그 건물의 파동치는 곡선을 강조하면서 칸막이 벽으로 등장한다. 에나멜은 내부와 외부 전체에 내부의 조명에 정숙한 필터역할을 한다.

1 **유트레흐트 대학교 도서관.**
네덜란드 유트레흐트 소재. 2004년작. 건물의 형태는 매우 강렬하고 단순하다. 검은색의 콘크리트 주조면과 단일의 유리창 모듈이 단일석재의 사각형 박스를 만들기 위해 결합되면서 대조를 이루고 있다.

2 **유트레흐트 대학교 도서관.**
밤에 프린트된 유리 패널은 이곳의 내부에서 조명이 비춰지면 내, 외부 사이에 부드러운 반투명 필터 역할을 하는 것을 볼 수 있다.

스위스 건축가그룹 헤르조크 드 뫼롱과 나란한 정도급으로 인정되는, 독일 건축가 빌 아레츠는 현재 매우 영향력 있는 건축가이며, 비평가이자 이론가라는 직함과 도전적이고, 시적이지만, 금욕적인 건물을 설계한 실무건축가로 폭넓게 알려지고 있다.

아레츠의 가장 최근의 건물은 네덜란드 유트레흐트 대학 도서관인데, 이것은 외부에서 보면 거대한 어두운 색의 사각형 박스이다. -고전적인 모더니스트의 구조처럼 보인다. 이러한 엄격한 미학과는 대조적으로, 전체적인 외부 파사드(유리, 콘크리트 피복, 실제 창문유리)는 연속적으로 프린트된 모티브로 덮혀 있다; 갈대 사진 이미지-아마도 파피루스 종이, 책 등, 따라서 도서관에 대한 상징 때문에 선택된 것 같다. 단순하고 비싸지 않은 장치로, 사진작가 Kim Zwarts와 협력하여 발전시킨 것은 도서관 내, 외부 모두의 경험을 변화시키고 있다.

외부에서 스크린 프린트된 모티프는 단순히 질감이 드러나는 수준에서 패턴으로, 그리고 마침내는 이미지로 변화하면서, 보는 이가 건물쪽으로 더 가까이 오면 변화하게 된다. 밤에 유리창은 마치 빛이 반투명의 커튼으로 된 작업 영역에 둘러싸인 것처럼, 반투명의 부드럽게 프린트된 격자창을 통해 흩어지면서 살짝 빛이 난다.

건물 내부의 경험은 또한 프린트된 이미지로 인해 변형된다. -직사광선에서나 혹은 흐린 날씨, 혹은 안개나 새벽녘에도, 내, 외부의 어렴풋한 막은 끊임없이 변화하고 있다. 때때로 빛은 그것을 밝고 뚜렷하게 하고, 진동시키고 외부를 모호하게 하면서 이미지 위에서 쉬고 있는 듯 보이기도 한다. 다른 빛 량 가운데 외부는 이미지들 사이의 공간을 통해 놀랄 만큼 깨끗하게 바라볼 수 있다.

아레츠는 유리 위의 이미지가 없었다면 건물에 빛이 과다하게 들어오는 것을 막지 못했을, 공간을 긴 볼륨과 거대한 창문을 가진 기념비적인 공간이 되게끔 이 건물의 실내를 디자인했다. 이러한 빛은 잠재적으로 책을 손상시키고 공간감을 해칠 것이다. 그러나, 프린트된 이미지에 의해 확산된 빛과 함께 그 공간은 둘러싸여 한정되고 강한 빛은 집중과 학업을 위한 안식처가 되는 거대하지만 친밀한 내부공간을 창조하면서 부드럽게 표현되어 있다.

1

2

3

4

3 **유트레흐트 대학교 도서관.** 모든 유리 패널은 파피루스 갈대의 같은 이미지로 프린트되어 있다. 도서관에는 적절한 사례이다. 콘크리트에는 또한 그러한 파피루스의 이미지가 투영되어 강한 인상을 주고 있다.

4 **유트레흐트 대학교 도서관.** 내부 공간의 스케일과 드라마틱한 요소들이 여기서 사람형상에 의해 드러나 보이고 있는데, 주위를 둘러싼 빛을 감소시킬 필요성을 보여준다. 에나멜 이미지가 있는 유리는 그 건축가가 빛을 조절할 수 있게 하고 있다.

에릭반 에게라트(Erick van Egeraat Associated Architects, 혹은 EEA)는 약간 예측할 수 없는 요소들을 가진 흥미진진한 건물을 창조하기 위해 재료들에 유동적 접근방식을 가진 형태를 혼합함으로써 특성화시키는 건축작업을 하고 있다. 스크린 프린트된 유리를 사용하는 방식은 1997년 건물인 ING 빌딩에서 자연산 석재 패턴을 만들어주면서, 진행중인 형상을 띠고 있다.

로테르담에 있는 InHolland 대학교 건물은 외부에 입혀지고 내부 아트리움 공간에 동시에 쓰여지면서 스크린 프린트된 유리 패널을 사용하고 있다. 두 가지 다른 색의 파란색으로 된 랜덤한 패턴으로 프린트된 유리 패널은 공간적 투명성을 유지하면서 공간을 나누는 역할과 동시에 전체 구조속에 있는 건축적 모티프로서의 역할을 수행하고 있다.

부다페스트의 Liget 센터에서는 반복된 글자의 수직적 패턴이 유리 파사드에 있는 난간을 만드는데 사용되었다. 외부에서 이것은 사생활을 위한 스크린으로 작용할 뿐만 아니라, 건물의 형태와 모양을 규정하는데 도움을 주고 있다. 멀리 떨어져서 본 모습은 다른 색과 톤의 장식띠가 있는 질감이상은 아니지만 가까이 와서 보게 될 수로 흥미로운 특이성을 획득하게 된다.

Alphen ann den Rijn이 계획한 시청사(32-33페이지 참조)는 반 에게라트가 곡선 형태를 과감하게 사용한 사례가 되고 있다. 멀리서 보면 유리위에 새겨진 뒤얽힌 패턴들은 부드러운 질감을 형성하고 있다. 관찰자가 건물에 다가가게 되면, 특히 밤에 그 모양은 극적이고 폭발적인 특성을 성취하고 있다. 사실 단지 9개의 독립된 원본 이미지들만이 있을 뿐이지만, 내부에는 유기적이고 얽혀있는 형태들이 끊임없이 변화하고 있는 것처럼 보인다. 그 자연 질감의 연결망을 가진 유리는 공간을 둘러싸고 한정시키는 것을 돕고 있다.

1

1 **LIGET 센터**
헝가리 부다페스트 소재. 2001년 완공. 이 사진은 멀리서 본 외부의 프린트된 정숙한 스크린 막을 보여주고 있는데 그것은 잔물결의 효과를 주는 수직선을 만든다.

2 **LIGET 센터**
내부에서 수직선은 건물에 장식적 디테일을 첨가하는 흥미를 자아내는 그래픽 도구로 작용하면서 랜덤한 문자로 나타난다. 그러나 한편으로, 기능적 목적도 가지고 있다.

2

3

4

3 **InHolland 대학**
네덜란드 로테르담 소재. 2000년 완공. 외부에 입혀져 있는 것으로 사용되고 있는 프린트된 유리의 이미지는 평평한 블록의 색채보다 더욱 흥미롭다. 그것은 내, 외부로부터 흥미를 자아내고 있는 계단실에 대한 사고를 제안하고 있다.

4 **InHolland 대학**
이 디테일은 내외부 유리창에 사용된 유리위에 프린트된 디자인을 보여주고 있다. 내부에서 디자인은 유리를 통해 심리적으로 분리된 느낌을 유지하면서 동시에 몇몇의 비전을 보여주고 있다.

5

6

7

8

5 **시청사** Alphen aan den Rijn 작품. 네덜란드 소재. 2002년 완공. 이것은 탈중심의 곡선화된 건물이 에나멜 프린트된 유리패널로 둘러싸여 있는 형태로서 빛나는 외피를 만들고 있다.

6 **시청사** 이 작은 디테일은 바람에 흩날리는 연기처럼 모든 이미지를 자연적이고 유기적인 것을 만들면서, 어떻게 순차적인 톤의 변조를 만들어내는 이미지를 만드는 반색조의 톤을 가진 하얀색의 도트를 사용하고 있는지를 보여주고 있다.

7 **시청사** 여기에, 짜여져 있는 유리위의 유기적 형태가 자체로 2차원화 된 이미지로 추상화되어 나타나고 있다. 우리는 건물의 기단부를 둘러싸고 있는 그러한 얇고 허약한 줄기를 볼 수 있다.

8 **시청사** 교묘하게 조율되어 있는 이러한 환상과 같은 효과는 극적이고 동시에 기능적이다. -건물 전체 외피의 투명성을 감소시키지만 완전히 없애는 것은 아니다.

호평받고 있는 독일건축가 Matiihias Sauerbruch와 Louisa Hutton은 실무경력 초기에 소규모 주거계획을 디자인하는 동안 색을 사용하기 시작했다.

그들은 바우하우스 예술가이자 이론가인 요셉 알버스Josef Albers로부터 영향을 받은 듯한 추상적 색의 블록들을 사용한다. 색은 건축디자인에 있어서는 쉽게 다른 것을 압도시킬 수 있기 때문에 위험한 접근방식이다. 그러나, 그것이 성공적이었을 때, 그것은 강력하고 풍부한 정체성을 지닌 건물의 결과를 가져올 수 있다.

사우어 브러치와 휴턴은 여러가지 목적들을 성취하기 위해 색을 사용한다. 어떤 때는 실용적이고 어떤 때에는 만질 수 없는 이미지와 정체성, 환경적 영향, 상태와 열망에 대한 사고를 반영하기 위해 사용한다. 그들의 건물은 주위에 매끈하게 혼합되지는 않는다. 그들은 자신을 드러내며 주장하고 있다. 그럼에도 불구하고, 그것들은 미묘하게 주위상황을 받아들이고 있다.

그들이 건물의 외부 창에 색을 사용하는 방식은 종종 외부보다 더욱 강렬하게 나타나고 있는데, 주로 격리되어 경험되는 내부보다는 외부에서 색은 다른 색과 조화를 이루는 것으로 보인다. 내부에서, 방에서 방으로 혹은 층에서 층으로의 색의 이동은 각각의 공간에 독특한 분위기를 주고 있다.

1

1 Photonics 센터
독일 베를린 소재. 1998년작. 파사드의 이중 외피안에 걸려있는 칼라 블라인드가 베를린 외곽에 있는 오피스 공원 내에 있는 건물의 존재감을 활기있게 만들면서 극적인 효과로 사용되고 있다.

2

베를린에 있는 아메바 형태의 Photonics 센터에서 색은 건물내부에서 수행되고 있는 시각적인 연구 주제를 암시하면서, 36개의 다른 색의 그림자를 만들어내는 수평적인 베니션 블라인드를 도입하여 대규모로 사용되고 있다.

7층 높이와 10,000㎡(110,000제곱피트)의 넓이의 베링거 잉겔하임 약리학 연구소(pp36-7 참조)는 "인텔리전트" 외부 유리 시스템을 지니고 있는데, 이것들은 8가지 색으로 프린트 되어 있고, 태양의 움직임에 따라 개별적으로 움직일 수 있는 힌지처리된 루버로 구성되어 있다. 이것은 건축가가 원했던 특이한 외관을 성취할 뿐만 아니라, 단일의 예측불가능한 연구성과를 나타내면서 극도로 효율적인 열적 장치를 제공하고 있다.

베를린 파출소방서(pp38-9 참조)에서 빨강에서 녹색 범위의 색들은 위험에서 안전함으로의 전이를 상징하고 있다.

3

2 **Photonics 센터**
멀리서 보면, 그 블라인드는 건물의 유기적 형태에 의해 증폭되어 반사되는 일반적이지 않은 패턴을 가지고 있는 칼라 유리창으로 해석된다.

3 **Photonics 센터**
베니션 플라인드는 내부에서 칼라 착색 유리로 성취되는 효과와는 완전히 다른, 섬세하고 불규칙적인 빛의 역할을 만들어 내고 있다. 그 블라인드는 거주자에 의해 개별적으로 통제될 수 있다.

4

4 **베링거 잉겔하임 약리학 연구실**
독일 Biberach 소재. 2002년 작. 건물 관리 시스템에 의해 중앙 통제되는 칼라 유리의 외피와 루버는 햇빛으로부터 그늘을 제공하고 놀랄만한 이미지들을 만들어 내고 있다.

5

5 **베링거 잉겔하임 약리학 연구소**
사무실 내부에서 유리 루버에 의한 색의 영향은 스크린 프린트된 에나멜로 새겨진 강화 유리의 단일 창 구획을 이루고 있는데 거의 볼 수 없게 되어 있다.

6 **베링거 잉겔하임 약리학 연구소**
밤에, 파사드는 Biberach 캠퍼스에서 즉시 인식가능하게 만들면서 건물에 강한 존재감을 부여하는 색깔의 골라쥬로 인해 활기차게 되어 있다.

8

9

7 **소방파출소**
독일 베를린 소재. 2004년작. 유리창은 정반대의 도트 패턴으로 되어있는 불투명한 에나멜로 프린트되어 있다. 도트는 명백하지 않다. 그리고 그것은 프린트된 배경에 있다.

8 **소방파출소**
밤에 그 건물은 가장 극적으로 나타나는데, 그것은 적색과 녹색의 패치워크작업이다. 가까이 가서 조사하면, 우리는 칼라 패널들 사이에서 개방된 연결부를 감지할 수 있다.

9 **소방파출소**
내부 파사드에 있는 유리창 전면에 위치해있기 때문에, 갈라 패널은 85%의 스크린 도트로 프린트 되어있는 루버의 역할을 한다. 다른 곳에서 그것들은 투명하고 외피로 작용한다.

1 **스파 욕장**
독일 Bad Elster 소재.
2002년 완공.
조정가능한 색유리 루버로 된 천장은 거대한 수영장 홀을 만드는 활기찬 외피를 만들어내고 있다. 그리고 변화하는 계절에 따라 조정가능하다.

베니쉬 & 파트너는 독일 스투트가르트와 미국에 사무실이 있는 국제적인 건축가 그룹이다. 베니쉬의 건축은 투명성과 경량성과 에너지 보존에 대한 공약으로 특성을 말할 수 있을 것이다.

다채로운 색의 유리창으로 되어있는 수영장 홀은 체코 국경 근처의 독일 Bad Elster지역의 1999년 스파 리노베이션의 중추가 되는 것이다. 대략 22×22m(70×70ft) 철재와 유리 파빌리온은 이전에 충분히 활용되지 않았던 스파 콤플렉스의 중정부분을 점유하고 있으며 기존의 19세기 유겐트스틸 스타일의 건물이 외부에서 볼 때 방해되지 않는 배경막이 있다. 지붕면에서 그 건축가들은 칼라 유리창을 과감하게 사용했다. 외부 루프 캐노피와 내부의 컬러풀하게 작용하는 유리 루버로 된 천장은 베를린 예술가 Erich Wiesner와의 공동작업으로 디자인된 것으로, 날씨에 따라 변조되는 풀의 홀 부분과 항구적으로 변화하는 빛과 색의 작용을 만들어내는 수평적인 외피를 만들고 있다.

그 루버는 백색의 철재 구조로 지지되어 있는데, 그것은 또한 요소들로부터 보호시켜주는 외부에 있는 깨끗한 단열유리 층인 외부 레이어를 지지하고 있다.

루버가 조정될 수 있기 때문에, 그것들은 빛과 햇빛의 양을 조정하는데 사용될 수 있다. 그것들은 밤이나 겨울에는 완전히 닫아놓을 수 있다. 그리고 여름과 같은 따뜻한 계절에는 개방시켜 놓을 수 있다. 루버의 상부 표면은 태양효과를 감소시킬 수 있도록 45%의 백색으로 구워 만든 프린트로 되어있다. 반면, 내부는 풀의 표면에 활기찬 느낌을 만드는 점증하는 색깔의 톤을 만들고, 주위에는 하얀색 타일의 파티오를 만들면서, 다양한 색깔(파랑, 노랑, 녹색, 그리고 빨간색)의 유리위에 스크린 프린트 된 꼴라쥬로 코팅되어 있다. 그 위에 걸려있는 유리창들은 부가적인 안정성을 제공하는 합판형 강화유리이다.

1

2

2 **스파 욕장**
빨간색, 파란색, 녹색 그리고 노랑색의 변화하는 색조와 투명성은 안쪽 유리면에 프린트 되어 있는데 그것들은 합판유리로 되어 있다.

3 **스파 욕장**
루버에 프린트 되어 있는 구름과 같은 모티프는 더 많은 흥미와 다양함을 추가시키고 있으며 머리 위로 떠다니는 실제 구름으로 손쉽게 착각할 수 있게 되어 있다.

3

함부르크에 기반을 둔 이 건축가 그룹은 수 년 동안 예술가들을 위해 유리를 제작해왔던 제조 회사와의 작업 기회를 갖게 되는 행운을 누려왔다. 그 건축가들은 이러한 풍부한 경험을 건물에 끌어들여 예술가들의 요구에 익숙해져 있는 팀들로 인해 얻을 수 있는 이익을 취할 수 있었다.

미듐 아키텍츠가 함부르크 법학 도서관에서 칼라유리를 창조적으로 사용한 것은 건물 내외부에 풍부하고 다양한 느낌을 만들 수 있는 이 매개체의 잠재성을 충분히 이용한 것이었다. 파사드의 칼라 유리는 건물을 역동적으로 만들고 낮이나 밤이나 환영하는 듯한 느낌을 준다. 파사드의 세 면은 수평의 유리 패널로 구성되어 있고, 그것의 반은 깨끗하고 나머지 것들은 노랑색과 호박색의 4가지 톤으로 되어 있다. 선택된 칼라는 에너지와 정적인 느낌을 동시에 가지고 있다. 칼라 패널은 파사드에 랜덤하게 퍼져 있는 것으로 보인다. 그러나 그것들의 위치잡기는 사실, 특정 뷰를 강조하고 다양한 분위기를 지닌 작업환경을 만들어내기 위해 필요한 곳의 프라이버시를 만들어 내기 위해 면밀하게 연구된 것이다. 외부유리는 몇몇은 수평적이고 몇몇은 수직적인 평행선으로 에칭되어 있는데, 이것들은 유리의 투명성을 조절하고 있다.

유리가 끼워져 있으나 창문은 없는 남측 입면은 다른 방식으로 되어 있다. 원래 도서관과 19세기 빌라를 따라서, 남측 파사드는 학생들이 운집하는 도시 광장쪽에 면한 4번째 면을 형성한다. 녹색과 노랑색으로 되어 있는 나뭇잎의 이미지는 플라자를 위한 "공원"을 만드는 유리창이 있는 속이 빈 벽과 통합되어 있다. 그 파사드는 20cm(8인치) 떨어져 있는 두개의 유리창의 레이어로 되어 있는 속이 빈 시스템인데, 그것은 열을 모아서 더운 공기를 사이공간으로 올려내는 작용을 한다. 여섯 개의 다른 녹색 톤과 몇몇 노랑색의 띠들이 내부 유리 레이어에 프린트되어 있다. 외부 레이어는 자연적인 유기적 형태의 패턴으로 모래분사칠 되어 있다. 이들 두개층의 유리의 조합은 햇빛속에서 내부 레이어에 나타나는 움직이는 그림자를 만들어내는데, 이것은 나무들의 캐노피들 사이에 뚫고 떨어지는 햇빛의 경험을 주게 된다.

1

2

1 **함부르크 법학 도서관**
독일 소재, 2004년 완공. 남측 입면은 이중 외피의 중공 파사드이다. 외측 레이어는 나무의 이미지로 프린트되어 있는데, 그것은 내부 유리위의 변화하는 패턴들을 반영한다.

2 **함부르크 법학 도서관**
유리창의 불투명한 노랑색의 띠들은 개의 녹색 톤의 사각형 패널들이 반복되어 만들어져 있다. 에칭된 수평선은 유리창에 질감을 부가하고 있다.

3

3 **함부르크 법학 도서관**
거리에 면한 파사드에는 호박색과 노랑색 톤으로 된 색을 더욱 과감하게 사용했다. 밤에 그 건물은 24시간 열려져 있는 스케쥴을 홍보하는 듯하면서 횃불과 같이 보인다.

4

5

4 **함부르크 법학 도서관**
호박색의 유리창은 열람실의 프라이버시를 만들기 위해 층의 레벨에 위치되어 있다. 눈의 높이에 있는 유리는 깨끗하다. 색은 내부에 조용한 분위기를 만들기 위해 사용되었다.

5 **함부르크 법학 도서관**
에칭된 색으로 되어 있는 유리창은 프라이버시를 침해당하지 않으면서 건물의 거주자가 있음을 느낄 수 있을 정도의 투명성을 제공한다.

합판유리는 유동적인 조형으로 함께 접착된 두개의 레이어나 깨지게 되면 파편화되지 않는 송진으로 된 내측레이어(바람막이 유리에서 일반적으로 볼 수 있는)로 구성되어 있다. 사용되고 있는 세 개의 방식은 부어 만든 것과, UV-곡선, 그리고 드라이 판형유리로 알려져 있다.

수 년 동안, 부어 만든 합판유리를 만들기 위해 사용되었던 액체 송진을 착색시키는 것이 가능해졌다.-유리를 거의 모든 색과 투명 혹은 반투명의 유리로 만들 수 있게 되었다. 그러나 이러한 프로세스는 널리 사용되지 않았다. 아마도 각각의 조각이 수작업으로 만들어지고 그 작업이 대량 생산에는 적합하지 않다고 느꼈기 때문일 것이다.

최근에 세계적인 대형 유리 회사가 합판유리로 사용되는 PVB(폴리비닐 부티르산염 Polyvinyl butyral)재료에 색을 입히는 방법을 개발하여 더욱 기계화된 시스템으로 전매특허를 만들어내고 있다. 이러한 착색된 내부레이어의 4개의 층까지 함께 섞일 수 있으며, 9개의 기본색에서 다양한 톤의 색깔로 변형이 가능하다. 이러한 분야에서 우리는 이러한 시스템이 다수의 모험적인 건축가들에 의해 사용되고 있는 것을 확인할 수 있는데, 이들에게 있어서 그들의 디자인에서 색을 사용하고 실행하는 것은 모든 미학적인 것 중에 가장 중심적인 것이다.

착색 합판유리는 풍부하고 당양한 칼라유리나 제한적이고 정숙한 색유리를 만들 수 있는 기회를 제공하고 있다. 최근에 EVA라고 불리는 시스템(에틸렌 비닐 아세테이트)은 더욱 널리 사용되고 있다. 이것은 합판유리에 더 많은 유동성과 최신식의 창작물을 가능하게 만든다. 그것은 판형 유리 패널 내부에 LED 조명을 삽입시키거나, 질감이 있는 유리와 광기전성(光起電性)의 셀(185페이지 용어풀이 참조)과 같이 다른 재료를 포함시키는 것을 가능하게 만든다.

맨위와 위. **크라이스트처치 아트 갤러리**
뉴질랜드 크라이스트처치 소재. 2003년 완공. 크기: 100×15m(330×50ft). 멜버른에 기반을 둔 건축실무 그룹인 The Buchan Group은 태양에 면한 2500개의 패널로 되어 있는 이 길고 곡선화 된 경사진 조각과 같은 벽을 디자인 했다. 기단부가 더욱 투명하고 상부가 더 반사적인 연속적으로 이동하는 색을 면밀하게 조합하여 11개의 다른 유형의 덜 반사되는 코팅유리로 이루어져 있다.

위 **The Westin**
미국 뉴욕 타임스퀘어 소재. 2003년 완공. Arquitectonica 디자인. 이 건물에는 21개의 다른 종류의 유리패널 유형이 있다. 동색과 금색 그리고 녹으로 된 색깔군이 은색, 파랑색, 보라색, 물색과 대조를 이루고 있다. 이러한 모든 반사 부분은 직립석재의 착색 계획을 유지하고 있다.

우상, 우중간, 우하. **Maestro Nocolau 오피스 빌딩**
스페인 바르셀로나 소재. 2004년 완공. b720의 Fermin Vazquez 설계. 10개 구획의 판형 유리로 된 40개의 열은 빨간색에서 노랑색으로 점차 변화하여 외부의 베니션 블라인드로 태양광을 걸러내는 역할을 한다. 그 패널들은 빌딩 위쪽으로 높아져 갈수록 점차 닫혀진다. 프레임이 없는 것은 색이 진보적으로 그라데이션이 되는 것을 가능하게 해준다. 그 색을 외부에서 보면 주도적인 형상이지만, 포장위에 색을 부여하면서도 그것은 단지 신기하게도 건물 내부에서 감지될 수 있다.

데이비드 아다예의 Idea Store는 2004년 런던의 Tower Hamlet이라는 East End 자치구에 도서관 프로그램을 대체하는 일부로서 완공된 것으로, 공공도서관의 컨셉을 완전히 다시생각한 것이다. 아다예는 알숍의 Peckham 도서관(48-49페이지 참조)을 받아들였고 현지 런던 High street에 있는 건물을 현대화된 디자인으로 만들었다. Peckham과 같이, 그 건물은 낮에도 잘 인식이 되고, 밤에는 횃불과 같이 눈에 띈다. 칼라 유리는 접근성과 투명성에 대해 언급할 수 있는 두면의 시각적 파사드에 사용되었다. 눈을 사로잡는 너비 60cm(24인치)에 높이 4.5m(15ft)의 칼라 유리패널은 파사드 주위로 진행해 가면서 파란색에서 녹색, 노랑색으로 옅어진다.

Idea Store과 함께 아다예는 소규모 2층 건물에 적용하고 색을 덧붙임으로써 대규모 오피스 빌딩에서 일반적으로 찾아 볼 수 있는 커튼월로 싸는 것을 변형시켰다. 색깔의 범위는 착색 합판 유리로 성취되었다. 6개의 기본 색이 파사드에 6개의 다른 색을 성취하기 위해 다른 방식으로 결합되어 있는데, 각각의 패널은 두개에서 네 개의 기본색을 사용하고 있다.

전체범위는 9개의 기본색에서 여러 개의 그늘을 만들어내는 것을 포함한다. 열량에 있어서, 색유리 패널은 일반 유리보다 약간 더 좋은 성능을 보이고 있다.

내부로부터, 색깔의 변화하는 패턴들은 외피 감각에 공헌하고 있으며 다른 쪽 면에 활기를 불어넣고 단지의 타워 블록의 외부 시각을 끄는 역할을 하고 있다. Idea Store 뒤의 콘셉은 소매 모델을 사용함으로써 소비자마인드의 공공에게 매력을 끌 수 있는 공공 도서관의 개념을 계몽하는 것이다. 정보를 시각적으로 드러내는 것은 파사드의 투명성에 의해 가능해지고 고취되는 새로운 콘셉의 중요한 부분이다. 아다예가 칼라유리를 선택한 것은 공공 도서관을 다시 개조하는데 있어서 적절한 반응이었다. 그리고 그것은 2005년 후반기에 있었던 설계경기 덕택에 런던의 Whitechapel에 있는 두 번째 Idea Store에 복제되고 있다.

1

2

1 **Idea Store(도서관)**
영국 런던 소재. 2004년 완공. 이것은 얼마나 효과적으로 색을 사용한 부분이 밤에 이용될 수 있는지를 보여준다. 특히 이후 랜드마크가 되고자 하는 건물이 어떻게 이렇게 되는지에 대해서 보여주고 있다.

2 **Idea Store(도서관)**
칼라 유리의 효과는 내부 공간에 널리 퍼지거나 침투하는 것이다. 오히려 그것은 흥미와 리듬과 칼라를 비교적 경직된 분위기의 내부에 부여하고 있다.

3 **Idea Store(도서관)**
낮동안의 외부 이미지는 칼라유리의 단순하지만 잠재적인 사용에 의해 제공되어 도시에 공헌하는 모습을 보여주고 있다.

3

1

런던의 Peckham 도서관은 2000년도에 영국에서 저명한 스털링 상을 수여받은 잘 알려져 있는 건물이다. 그 건물은 설계자인 건축가 윌 알솝이 항상 그래왔듯이 논쟁을 야기시켰던 건물이다. 대부분의 사람들이 땅에 확고하게 고착되어 있는 것을 좋아하는 것과는 반대로, 알솝의 건물은 정문에 도착하자마자 이상한 나라의 앨리스에서처럼 막 날라가 버릴 것처럼 보인다. 알솝은 색에 있어서 과감하고 자기주장이 뚜렷한 색채를 쓰는 도전적인 북유럽의 감성을 지니면서, 마찬가지로 도전적인 관계를 지니고 있다.

Peckham 도서관에서 알솝은 반사 투명 칼라유리를 역동적인 효과를 위해 사용하고 있다. 도서관의 북쪽과 남쪽 파사드는 층간높이의 색이 없는 유리와 칼라유리를 번갈아가며 사용하고 있다. 낮시간 동안에는 노랑색이 뚜렷한 색으로 인식되지만 밤에는 패널들이 들어간 듯 보이고, 계단실의 칼라유리와 복층높이의 공간이 주요한 공간처럼 보여진다. 내부에서는 다색의 그림자가 어린이 열람실을 활기차게 만들어주고 있다.

알솝의 칼라사용은 전혀 난해하지 않다. 그리고 주위 환경에 공헌하는 것은 미학적 자극보다는 클라리온 소리와 같이 청명하게 들리는 듯하다. 그러나 결과로 나타나는 것은 모든 사람들이 기억하고 사람들이 방문해서 즐기고 싶은 건물이다. 알솝은 수동적이고 활발하지 않고 미지근하고 미온적인 것을 솔직하게 아주 싫어한다. 그의 건물들은 반응과 그로 인해 나오는 태도를 요구하고 영감을 주고 자극시키기를 계속하는, 철학적으로 혹은 아마도 심리학적으로 뚜렷한 주장이 있다.

1 **Peckham 도서관**
영국 런던소재. 2000년 완공.
주광이 비치는 모습은 이웃하고 있는 건물을 반사하면서 상호 작용하는 단순한 추상구성을 만들어주는 칼라유리를 보여준다.

2 **Peckham 도서관**
호박색과 핑크색, 그리고 노랑색은 여기서 건물의 기초에서 볼 수 있는 것이다. 이것은 내부에서 칼라 유리의 효과로 보여진다.

3 **Peckham 도서관**
저녁시간 동안에, 칼라의 구성은 둘러싸고 있는 패널들이 후퇴하는 듯한 느낌(우측의 노란색의 수직 띠)을 주면서 변화하고, 후면의 비치는 유리 패널이 두드러지게 드러나 보인다.

2

3

브라질 여성 건축가 브루네트 프라카롤리는 유리와 색을 대담하고 자유롭게 사용하는 것으로 잘 알려져 있다. 그녀 작업은 때때로 편평한 표면들로부터 유동적이고 곡선화된 형태를 만들어 유리 내부에 합판화시키고 그라데이션 필름을 사용하면서, 많은 부분 극적인 분위기로 만들어 레저와 환영스러운 분위기의 환경을 만든다.

특색적인 그 프로젝트는 일본 바베큐 레스토랑으로서, 기존의 옛 건물 안에 구축되었다. 그 영향으로 인해 바비큐 레스토랑의 주요 관심사 중 하나는 릴렉스되고 안락한 그리고 외부 환경과 밀접하게 연결된 듯한 느낌이 드는 내부공간을 만드는 것이었다. 클래식하고 보수적인, 혹은 심지어 동시대의 아트리움 타입보다는 프라카롤리는 일상적이지 않고 충격적인 공간을 만들어 냈다. 그녀는 넓게 북쪽에 면한 경사진 유리 천장을 지지하기 위해 거대한 대각선의 철재 거더를 설치했다.

철로서 표현되거나 어떤 면에서 철로 위장된 단순한 공학적인 요소로서 거더를 사용하는 것 대신에, 그녀는 손님들이 그 공간에 방문할 때 거더에 둘러싸여 있는 보라색의 PVB 합판 반사유리로 인해 손님의 관심을 끌어들이는데 사용했다.

이러한 대담한 전략으로 인해 그러한 보beam는 더 이상 미니멀리스트적인 지지 구조도 단순히 요구되는 둘러싸는 유리나 아직 아무것도 없는 유리에 도전하는 플라스터를 바른 흰색 박스도 아니다. 대신에 그것들은 형태와 색, 그리고 공간의 경험에 있어서 중심적인 부분이 되었다. 그리고 그것들은 확실하고 경사진 외부 유리와 합체되기 시작했다.

이러한 모든 각을 이룬 모더니스트의 모양과 거울과 같은 철재 보의 거친 느낌과는 대조적으로, 모든 가구는 거친 목재로 만들고 부드러운 쿠션으로 대충 뒤쪽을 장식하고 도기로 밑판을 댄 가구가 있다.

바의 뒷벽에 있는 주제와 경험을 완성시키기 위해, 프라카롤리는 보라색의 액체가 담겨있는 750개의 유리병을 설치했다. 밤에 그 병들은 보의 각이 진 표면을 반사시키면서 부드러운 붉은빛을 발하면서 섬유같이 보이는 빛이 나는 요소들로 빛나게 만들고 있다.

1

2

1 **일본식 바베큐 레스토랑**
브라질 상 파울로 소재. 2004년 완공.
거대한 거더들은 착색된 유리로 둘러싸인 환대를 나타내는 내부 공간의 통합적인 중심요소가 되고 있다.

2 **일본식 바베큐 레스토랑**
유리를 자세히 확대해서보면 반사되는 빛으로 인해 구조적인 보의 느낌을 감소시키고 있다.

3

3 **일본식 바비큐 레스토랑**
보라색의 액체가 담겨있는 총 750개의 유리병들은 이 레스토랑의 주제를 완성시키고 있다.

제임스 카펜터는 그의 작품경력 대부분을 건축과 유리 그리고 예술사이의 접점에서 작업해오고 있다. 그는 조각가와 유리 예술 학생으로서 경력을 시작해서, 이후 선생이 되었고 다음에 Corning Glass의 초청 예술가가 되었다. 그리고 마침내 장식, 판형유리 분야에서 특화되어 있는 Corning사의 계열인, Steuben Glass와 함께 작업을 수행했다. 그것은 주요 유리 제조업체들과 작업하는 독특한 조합이다. 그리고 동시에 순수 건축 미학에 근거한 특별한 예술적 감성과 마찬가지로, 카펜터에게 일반적이지 않은 유리제조와 관련된 기술의 이해정도를 나타내는 그 자신의 조각분야의 관심을 추구하는 것이다.

1970년대 후반, 카펜터는 그의 회사인, James Carpenter Design Associates를 설립했는데, 그 회사는 비범한 비전과 재능, 지식, 그리고 경험을 필요로 하는 주요 건축 프로젝트에서 전문가가 참여했던 클라이언트들과 건축가들에 의해 이후에 초청작업을 했던 회사이다.

Deutsche Post Moire Stair Tower는 카펜터의 고전적인 느낌의 프로젝트이다. 선배 디자이너 이자 오랜

1

2

1 **물결무니 계단 타워**
독일 본 Deutsche 우체국 소재. 2002년 완공.
이 3개 층의 타워는 거의 전적으로 유리로 제작되었다. 판형 유리벽의 스크린 패턴들은 계단실에 면해있는 파란색의 정사각형들을 보여주고 있다.

2 물결무니 계단 타워
레벨 사이에 면하여 위치하면서 풍경과 강의 전경이 있는 발코니가 위치해 있다. 이것들은 정사각형 그리드와 기묘한 옵아트적인 패턴효과로 짜여있다.

3 **물결무니 계단 타워**
건물 외부로부터, 작고 동등한 간격을 지닌 사각형으로 된 광대한 영역의 효과는 작고 독립된 이미지들로 주위와 하늘에 픽셀화 되어 나타나고 있다.

4 **물결무니 계단 타워**
삼각형의 형태는 각각이 혼합되고 상호작용하는 다중의 레이어를 만들면서, 각각의 벽이 인접한 벽에 반영되어 있다.

기간동안 협력해왔던 Richard Kress가 주도하여 이 거대한 영구적인 예술 “설치물”은 실제로 240m(790ft)높이의 시카고 건축가인 머피 얀Murphy Jahn이 디자인한 대기업 본사의 비교적 정숙한 삼개 층의 부속부분이 되고 있다.

외부의 세 칸의 유리위에 그려져 있는 사각형의 그리드 패턴은 바깥에 면한 부분은 유리와 같이 반사되고, 내부에 면한부분은 밝은 푸른색이다. 외부에서 보면, 작은 거울로 된 무수한 별들의 효과가 햇빛에 반짝이는 은빛의 이미지들을 만들어내고, 항상 약간 움직이는 듯이 보인다. 내부에서 그 공간은 완전히 초현실적인 느낌이 된다. 계단의 궤적은 유리이고 그리드 패턴은 동시에 인접한 벽의 반사된 이미지들과 합쳐지는 가운데 소실점에 무늬를 넣으면서 투시도 효과 가운데 일종의 수련과 같은 작용을 한다. 이것은 파란색의 다른 그늘들을 만들어 내는 거대한 물결무늬 패턴이 교차한다. 그 결과는 최대한 몰입시키는 총체적인 설치 예술이나 상시전시예술품과 같은 경험을 갖게 만든다.

3

4

테리 파렐이 디자인한 런던의 새로운 Home Office 건물은 예술적 분위기로 충만하다. 그러나 외부의 칼라 유리의 모습이 불가피하게 가장 주의를 끄는 역할을 한다.

건축가는 외부로부터 세부적인 전체의 예술적 느낌을 주도록 전략을 수립했는데, 그것은 몇몇 예술 오브제적인 형태를 끼울 수 있는 거리를 따라 면해있는 유리 장식장(바닥에서 천장까지 유리 박스인 것)을 포함하고 있다. 그리고 또한 건물 외부를 둘러쌈에 있어서 유리를 사용하고 있다. 클라이언트가 UK Home Office였기 때문에 정부의 문화 미디어 스포츠부가 유리예술 부분의 선택과정과 관련을 맺고 있다. 이 프로젝트에는 저명한 터너 상을 받은 리암 길릭Liam Gillick이 선택되었는데, 그것은 그의 작업이 투명성과 색채와 관련을 맺고 있고 또한 공동 협력작업에 대한 경험을 갖고 있었기 때문이었다.

원래 콘크리트 캐노피는 주요 가로 파사드에 면한 건물의 최상부를 따라 계획되었다. 그러나, 길릭은 유리로 된 캐노피를 만들어 제시했다. 세탁 건조대와 같은 요소는 건물에서 위, 아래로 움직일 수 있어야 하기 때문에 캐노피 구멍의 틈이 필요하다. 장애물이 되기보다는 오히려 이것은 디자인 기회가 되었다. 몇몇 패널은 형형색색의 빛이 건물주위에 반사되는 방식의 또 다른 변화를 덧붙여 요구되는 가로를 만들어내면서, 수직적으로 표현되어 있다. 그 캐노피는 거리를 따라 반사되는 색띠를 만들어내면서 낮 시간 동안에 가장 큰 효과를 나타낸다. 유리장식장과 같은 길릭의 계획안은 내, 외부 전체에 작용하는 모습을 만들어내면서, 각각이 칼라 유리 돌출부를 지니고 있었음에 틀림이 없다. 유리장식장의 요소는 밤에 자체를 드러내는데, 그 시간에 풍부한 색채가 수직적 디의 진동하는 무지개의 느낌을 만들어낸다.

그것은 전체 콘셉에 있어서는 놀랄만큼 단순하고 비용면에서 효과적이다. 그것은 유리위에 색을 칠한 것이 아니다. 그것은 건축과 가로환경에 색을 혼합시키는 단순하고 직접적인 방식이다. 환경에 도움이 되는 효과를 갖고 있다는 점은 부인할 수 없으며 그 건축가는 그것이 그 건축물을 더 훌륭하게 만들었다고 느꼈다. 이것은 예술과 건축부문이 공동으로 작업한 좋은 사례이다.

1

2

1 **Home Office 빌딩**
영국 런던 소재. 2005년 완공.
캐노피에 밝은 색의 유리를 사용한 것은 예술가 리암 길릭과 협동작업을 하여 디자인 한 것으로서, 그렇지 않았더라면 제한적인 요소로 가득 찬 건물을 주위가로 환경에서 돋보이게 만들고 있다.

2 **Home Office 빌딩**
지붕 부분에 있는 칼라 유리 캐노피는 파사드와 포장과 심지어 가까이 있는 빌딩에 다른 방식으로 빛을 반사하는 수평 수직적 유리 패널을 사용하고 있다.

3 **Home Office 빌딩**
지면 층의 유리를 따라서 되어있는 특별한 유리 장식은 다색의 유리로 된 수직 돌출부로 규정되어 있다. 낮시간 동안의 내부공간의 효과와 밤시간의 외부는 밝게 빛나고 활기차다.

3

1 Palais des Congres
카나다 몬트리올 소재.
2003년 완공.
강한 색채는 그 핵심역할이 역사 중심지와 도시의 상업지 사이에 있는 주위환경 활성화시키는 프로젝트에 즉시 정체성을 부여했다.

할 잉버그와 같이 그렇게 극적 효과와 일관성을 지닌 예술과 건축 사이의 접점에서 작업하는 건축가는 거의 없다. 몬트리올 출생으로, 그는 몬트리올과 로스앤젤레스에서 공부하고, 런던에서 실무를 경험했다. 캐나다 Prix de Rome을 수상하고, 1999년에 그는 그 자신의 사무실을 오픈했다. 색과 반사되는 투명성으로 작업함으로써, 잉버그는 조각에서 건축의 범위에 해당되는 역동적인 다차원적인 작업을 창조했다.

2003년에 잉버그는 퀘벡의 국제 정원 페스티벌 International Garden Festival에서 조경 설치작품인 'Coloured Reflection' 을 전시했다.(58-59페이지 참조) 넓고 녹색의 반사 유리 패널들은 2차원의 면 위로 현실과 반사와 합쳐지는, 희미하게 빛나는 나무의 이미지들을 창조했다. 그것은 매우 대중적으로 인기를 끌었다.

2004년 몬트리올 비엔날레에서 잉버그는 몬트리올의 Pace des Arts의 한 중심에 세워져 있는 "밝게 빛나는 물체-황금색의 유리 타워"를 창조했다. 이 작업은 또한 반사와 투명성으로 작업이 되어 있다. 그래서 현실감과 이미지는 서로 상호작용을 한다. 잉버그의 예술과 건축의 혼합은 그의 지명권을 몬트리올시의 컨벤션 센터인, Plalais de Congres의 확장과 리노베이션의 컨설팅 건축가로 이끌었다. 투명하고 다색의 창유리로 되어 있는 그의 대담한 제안은 논쟁을 불러일으켰으나, 그는 그의 목적을 달성했다.-그것은 주요 공간이 극적으로 여러 색이 투사된 정신착란의 욕조속에서 목욕을 하고 있는 것과 같은 도시의 아이콘을 만드는 것이었다. 동시에 그는 외부로부터 강력한 긴 경치를 만들어 냈는데 그것은 낮과 밤에 똑같이 역동적으로 나타나고 있으며 도시생활의 중요한 중심지라는 사실을 널리 공표하고 있다.

Plais des Congres가 놀랄만하고 역동적이더라도 잉버그의 다른 프로젝트들은 대단히 대조적이다. 각각은 신중한 색을 선택함으로써 매우 정숙한 느낌을 주고 있으며, 반사 유리면과 합쳐져 있는 주위환경을 강조하게 디자인되어 있다. 그것들의 진동은 그들이 환경속에서 모든 움직임에 대응함에 따라 그것들이 연속적으로 변화하고 있다는 사실로부터 나오고 있다.

1

2

3

2 **Palais des Congres** 투명한 칼라유리와 반복되는 스테인레스 스틸이 보행자 통로를 따라서, 빛의 상태를 다르게 만드는 매력을 끌면서 방문자를 통과하여 반사되어 현기증 나는 만화경과 같은 이미지를 만들어내고 있다.

3 **Palais des Congres** 투사된 칼라의 빛은 이 거대한 도시 복합시설의 트레이드 마크가 되고 있는데, 이것은 상업 활동뿐만 아니라 전시 공간을 끼워넣고 있다.

4 **Coloured Reflections** (일시 설치작품)
캐나다 퀘벡주, Grand-Metis Reford 정원, 2003년작. 녹색의 반사유리로 되어 있는 서있는 삼각형은 숲 자체와 함께 숲을 반사하면서 섞이고 있다.

5 **Coloured Reflections** 세 그루의 자작나무로 둘러싸여 있는 설치물들은 삼각형 내부에서 숲을 잘 관찰할 수 있는 장소를 만들어내면서, 나무 너머로 잘 바라볼 수 있도록 되어 있다.

6 **Coloured Reflections** 낮 동안의 다른 시간대에 빛과 태양광의 각도에 따라서 반사되다가 투명해지는 변화를 보여주면서 모든 것이 뒤섞여 있는 듯하기도 하고 때로는 사라져버린 것처럼 보이기도 한다.

7 **Coloured Reflections** 그 설치작품은 갑작스럽게 만나게 될 때 더욱 효과적으로, 그곳에는 미스테리와 환상적인 기운을 지니고 있다. 그 작품은 가든 데스티벌에서 방문자들에게 가장 인기가 있었다.

4

5

6

7

8

9

10

11

8 **"빛 우물"**
(단기 설치작품) 캐나다 몬트리올 소재. 2004년 작품. 그 패널들은 하늘의 구름을 반사하여 보여주고 있다. 다른 각도에서 그 설치물은 스케일의 인지를 느끼는데 도전하고 있다.

9 **"빛 우물"**
이 사진은 타워에 들어왔을 때의 내부의 전경을 보여준다. 어느 구름이 많이 낀 날에 그 유리는 불투명한 거울이 된다. 그러나 태양광에서는 황금빛으로 빛나는 도시의 풍경을 외부에서 볼 수 있다.

10 **"빛 우물"**
그 설치작품은 방문자들에게 공공공간을 더 살펴보고 즐길 수 있도록 하면서, 활기차게 보행자들과 주위를 둘러싸고 있는 도시 환경을 반사하여 보여주고 있다.

11 **"빛 우물"**
황금색의 세미반사 유리로 제작된 6.4m(21ft) 높이의 삼각형 타워는 몬트리올의 Place des Arts에 있는 공공계단의 기초부분에 있는 주춧대를 점유하고 있다.

건축 산업은 수 년 동안 유리위의 필름을 적용하여 사용하여왔다. 필름은 평평하거나 강화유리를 합판유리와 태양빛을 감소시키는 도구로 전환시키는데 있어서, 안정적인 재료로 사용되어 왔다. 성공적으로 고착시킬 수 있는 필름을 만드는 기술이 안정적이라고 증명되었으며 극도로 정교한 작업이다.

필름에 디지털적으로 프린트시키는 기술이 이제는 일반적인 것이 되었고 심지어 최근에는 비록 그것이 아직 일반적인 것은 아니더라도 필름 위에 하얗게 찍는 기술도 가능하게 되었다. 그러나 이러한 재료들과 그것들의 적용가능성은 사용된 것은 제외하고라도, 거의 다루어지지 않았다. 이것은 아마도 재료가 만족스럽게 되기에는 너무나도 빨리 가치가 저하되는 자연적인 부분에 대한 의심 때문일지도 모른다. 그리고 부분적으로는 종종 건축가들이 이러한 수준의 세부디테일을 그들 작품의 핵심부분으로 간주하지 않기 때문일 수도 있다.

실제로, 선택권의 범위는 대단히 넓다. 그리고 주요 이점중의 하나인 필름 적용에 있어서 선천적으로 타고 난 것은 바로 사용의 가변성이다. 재료는 그다지 비싸지 않다. 그래서 그것은 매우 낮은 가격으로 주위환경을 바꿀 수 있고, 아무런 구조변경이 없이도 사용할 수 있는 선택권을 가질 수 있다. 빠르게 이미지를 재창조시키면서 빠르게 움직이는 세상에서 고용인에게 자극을 부여하는 환경들을 창조하는 것에 있어서, 이러한 유동성의 유형은 높은 플러스 요인이 될 수 있다.

칼라 필름과 디지털적으로 프린트된 필름에 덧붙여, 거기에는 또한 이색성의 필름이 있다. 우리는 여기서 이것을 묘사하여 보여주고 있지만, 그 생산물이 쉽게 가능할지라도 그것은 유리에 적용하여 만든 것에 있어서 최적조건을 가진 것으로 그렇게 쉽게 찾아질 수 있는 것이 아니다. 패키지와 소매 산업은 이러한 생산물을 취득하였다. 그리고 그것은 비록 이것이 변화할 수 있다고 할지라도, 더 이상 유리 적용물에 해당되는 것이 아니다. 필름유리는 때때로 극단적으로 될 수 있고 그것은 일반적인 설계자와 소비자에게 무언가 격정적인 것이 될 수도 있다.

위 **HOLMES PLACE 헬스클럽,**
독일 쾰른 소재. 2002년 완공. ORMS Architects 디자인. 필름은 놀라울 정도로 내구성이 있다. 이 슬라이딩 도어는 단순히 투명한 노랑색의 부착 필름을 설치함으로써 내부에서 대담한 모습으로 변형되었다.

위 **HOLMES PLACE 헬스클럽,**
태양광에서 보면, 에칭된 필름이 내부의 빛을 부드럽게 하면서 공간을 뒤 덮는다. 반면, 칼라필름은 밝은 색의 띠를 내부의 흰 표면에 투영한다.

맨 위 **HOLMES PLACE 헬스클럽,**
외부에서 보면, 이렇게 밤 시간대의 사진과 같이, 파란색과 노랑색 필름의 띠가 강한 수평적인 건축적 장면을 만들어 내고 있다.

위 **HOLMES PLACE 헬스클럽,**
오스트리아 빈 소재. 2001년 완공. ORMS Architects 디자인. 이 실내 사진은 투명 칼라 필름과 에칭된 필름을 혼합하여 사용한 것을 보여주고 있다.

네덜란드 출신의 건축가 그룹인 유엔 스튜디오가 디자인 한 두 개의 매우 다른 프로젝트는 둘 다 2004년에 완공되었는데, 하루 중 시간대와 시점에 따라서 변화하여 눈을 사로잡는 건물을 만들기 위해 파사드에 이색성(二色性)의 필름을 사용했다. 두 작품(하나는 한국의 서울에 있는 백화점을 리노베이션하는 것이었고, 또 다른 하나는 네덜란드 Almere에 있는 새로운 오피스 복합건물 작품이다.) 이들 모두에서 색채를 역동적으로 사용한 것이 그 건물들을 바로 두드러지게 만들고 있다. 두 프로젝트 모두 외피를 단일한 표면으로 다루고 있다. 그 건물들은 쉽게 볼 수 있음과 파악하기 힘듬 사이에서 조화를 깨는 변동되는 색을 사용하여 짜여 있는 듯 표현했다.

Almere에 있는 라 데팡스 오피스 콤플렉스는 활기있는 무지개 색으로 23000평방미터(250000sq-ft)의 내부 중정을 입히고 있는 유리로 입힌 패널과 융합되어 있는 이색성의 필름을 사용하고 있다. 유리를 끼운 것의 몇몇은 둘러싸는 역할을 하고 몇몇은 유리창으로 사용된다. 둘러싸는 역할을 하는 것은 유리 앞의 높은 빛이 있는 높이에 있는 것으로, 외부 사진에서 우리가 볼 수 있는 빨간 색과 금빛의 색이 섞여 있는 색을 발하고 있듯이, 반사의 역할을 담당하고 있다. 창문을 형성하고 있는 유리는 관찰자가 움직임에 따라 투명한 퍼플 딥 블루의 주요 색채에서 보라색, 심홍색, 그리고 그 사이의 미묘한 색으로 변화한다. 반사적인 표현은 형형색색의 중정에 그늘을 만들어내고 있다. 반면에 오피스 실내는 확산된 칼라의 빛으로 물들게 된다. 서울의 고가매장인 갤러리아 백화점 리노베이션에 지명된 UN Studio는 전체 구조를 4330개의 유리 디스크로 둘러싸는 방법으로 계획했는데, 각각은 850mm(34인치)의 디스크는 LED를 내장한 검은 빛을 띠는 것으로, 이색성의 금속박편과 혼합된 모래 분사 판형 유리로 된 두개의 켜로 구성되어 있다. 낮 시간동안에 그 디스크는 빛에 따라 녹색에서 호박색에 이르는 색의 계열의 희미한 색으로 빛난다. 밤에는 변화하는 색의 회전 효과는 컴퓨터 프로그램화 되어 있는 LED 설치에 의해 성취되고 있다. 이것은 Arup회사의 조명 팀과 공동으로 디자인 한 조명 콘셉이다.

1 **라데팡스 오피스 빌딩** 네덜란드 Almere 소재. 2004년 완공. 건물의 모델은 2-5 이미지를 진행시키는데 도움을 주고 있다. 이색성의 필름을 극적으로 사용함으로써 맞물려 있는 건물에 의해 만들어지는 중정 안에 적용하여 넣었다.

2 **라데팡스 오피스 빌딩** 바로 전면에서 건물을 바라보면, 우리는 어떻게 외피로서 사용되는 몇몇 필름이 금색과 빨간색을 반사하는지를 볼 수 있을 것이다. 반면 뒷 면에서 빛나고 있는 다른 영역에서는 투과되어 있는 파란색의 빛을 보여주고 있다.

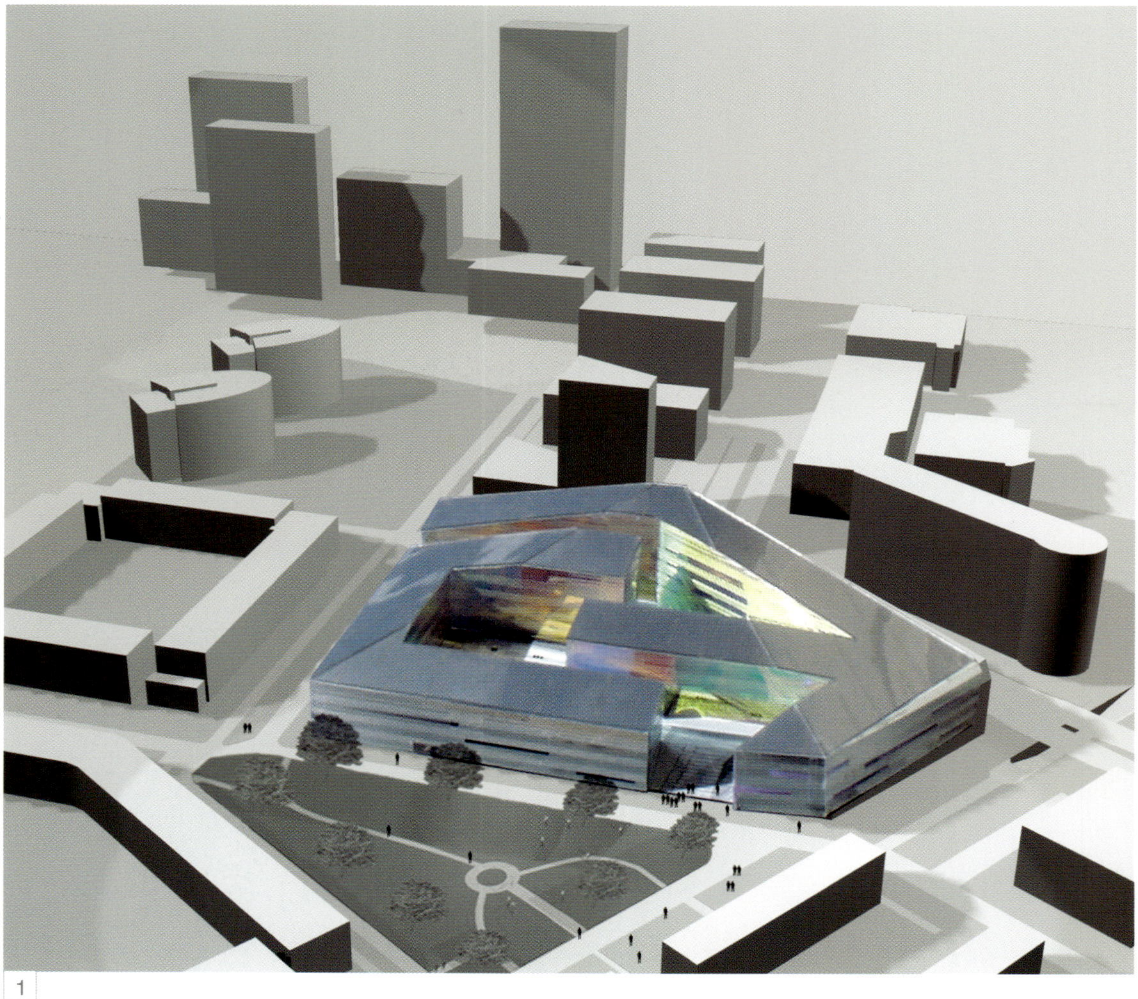

1

3

4

3 라데팡스 오피스 빌딩
내부에서 보면 녹색과 금빛 색을 반사시키는 외피의 반대편에 있는 중정을 만날 수 있다. 반면 우리가 바라보는 유리판은 태양광에 빛나고, 특정 각도에서 바라보기 때문에 빨간색 계열과 혼합된 파란색을 보이고 있다.

4 라데팡스 오피스 빌딩
밤에 그 유리패널은 자체의 색을 거의 전적으로 잃게 된다. 반면 내측의 조명으로 인해 검은 색을 발하는 유리판은 파란색으로 빛나고, 보는 각도가 상승함에 따라 보라색 계열로 변화하게 된다.

5 라데팡스 오피스 빌딩
이 사진은 칼라 재료의 변화하고 있는 본성을 강조하면서, 어떻게 건물의 상호 맞물려 있는 벽들이 일련의 한데 모이는 다각형과 각도를 만들어 내고 있는가를 보여준다.

5

6 **갤러리아 백화점 서측면**
서울 소재. 2004년 완공. 낮은 금속 유리로 된 두개의 레이어로 만들어진 4330개의 디스크들이 사이에 이색성의 필름과 함께 합판화되어 있는데, 이것들은 알루미늄 구조로 지지되어 있다.

7 **갤러리아 백화점 서측면**
주광에 그 디스크들은 자체의 에칭된 표면을 통해 반사시키면서 무지개 빛깔로 빛난다.

8 **갤러리아 백화점 서측면**
밤에 각각의 디스크는 LED 조명장치로 인해 빛난다. 이것들은 건물 전체의 외피 전체에 다른 효과과 패턴들을 만들어 낸데 있어서 중앙통제가 되어 있다.

6

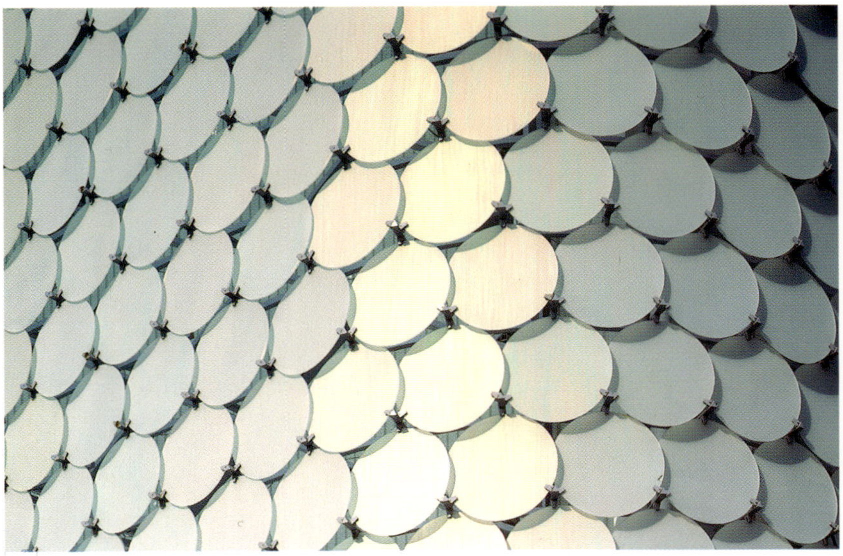

7

8

1 **PEABODY TRUST 실버 타운 단지**
영국 런던 소재. 2004년 완공. 낮 시간대의 매시간 마다 Peabody 아파트단지는 파사드에 신비로운 무형의 효과를 만들면서, 다른 빛의 상태를 반사한다.

니알 맥로린은 빛의 매력에 사로잡혀 있다. 그가 언급했다시피 "빛의 결내기, 빛 확산시키기, 저장하기, 색깔입히기, 반사시키기, 무디게 하기, 속도를 변화시키기" 등으로 말할 수 있을 것이다. 따라서 최근 두 프로젝트에서 필름의 특성을 이용하는 것을 그의 작품에서 발견하는 것이 전혀 놀랍지 않다.-한 작품은 Peabody Trust 사회주거단지의 외부 파사드이고 다른 하나는 런던 코벤트 가든에 있는 실내 프로젝트이다.

이스트 런던에 있는 후기 산업단지에 맥로린은 12개의 블록으로 이루어진 단지를 설계했는데, 이 프로젝트에서 그의 첫 콘셉은 비싸지 않은 산업용 판금재료로 일련의 포장 나무상자와 같이 외피를 둘러싸는 것이었다. 삼개층 높이의 남측에 면해있는 가로의 입면은 알루미늄과 주물 유리 레이어 층에서 이색성의 필름을 혼합시키는 예약된 단위로 입혀져 있다. 3중으로 되어있는 단위들은 더블린에서 공장제 생산된 것으로서, 이색성의 필름으로 되어있는 폴리카보네이트의 수평띠의 두 번째 레이이어인, 주물 강화유리의 외부표면으로 구성되어 있는데, 이것은 또한 이색성 필름으로 면해있고 전면의 필름을 나란히 앞면에 배치해놓고 있다. 유리 내부의 필름의 취사선택이 가능한 위치는 하루와 계절의 시간에 따라 변화하는 파사드에 얇게 빛나는 효과를 만들어내면서, 주물 유리로 된 전면 레이어를 통과하여 나타나는 색의 범위를 배가시킨다. 이러한 효과는 유리패널의 후면이 불투명하기 때문에 아파트 내부에서 볼 수 없다.

상업적인 심리 콘설팅 회사 오피스를 위해 맥로린은 프라이버시를 보호할 수 있는 디지털프린트된 필름으로 된 고정유리와 슬라이딩 유리 스크린을 사용했다. 반면 빛이 평면의 중심에까지 투과할 수 있다. 접착성이 있는 필름은 납작하게 서로 교차하는 사인곡선들과 같이, 투명하고 수직적으로 짜여있는 선들로 프린트되어 있으며, 유리 한쪽 면에 적용되어 있다. 그 건축가들은 다른 색과 패턴이 상호 미끄러져 들어가면서 역동적인 효과를 나타내는 거품효과를 주는 그 스크린들을 원한다. 실내는 미묘한 형형색색으로 조명되어 있다.

1

2

2 **PEABODY TRUST 실버 타운 단지**
비싸지 않은 이색성의 필름이 그 단지에 신선하고 일시적인 표정을 주면서, 낮은 가격의 주택단지의 가치를 효과적으로 높여주는데 사용되고 있다. 그런데 그것은 계속적으로 변화하고 있기 때문에 부분적으로 주의를 끌고 있다.

3 **PEABODY TRUST 실버 타운 단지**
이색성 필름의 띠는 외부 유리로부터 어느 정도 떨어져 있는 유리판 안에 설치되어 있기 때문에, 파사드 안에서 빛나는 색의 띠를 만들어내고 있다.

3

4

5

6

7

4 **YSC LTD**
영국 런던 코벤트 가든 Floral Street 소재. 2005년 완공. 프린트된 접착성의 필름이 붙어 있는 슬라이딩 유리 패널은 상업적인 심리 컨설팅 공간을 유동적으로 사용하는 것을 가능하게 해준다.

5 **YSC LTD**
칼라 유리 패널이 서로 앞에서 미끌어져 들어가면, 그렇지 않았더라면 실내 회랑이 생기없게 되었을 부분을 활기있게 만들면서, 다른 색의 조합이 나타나게 된다.

6 **YSC LTD**
색의 강도는 보는바와 같아서 그것들은 프라이버시의 정도가 필요에 따라 조정가능한 역동적인 작업 영역을 만들면서 인접한 공간으로 반사된다.

7 **YSC LTD**
접착 필름에 프린트된 미묘한 파동치는 선들은 옵아트를 생각나게 하는 칼라 패널들에 3차원적인 느낌을 준다.

I am this far advanced &

GREEN LAKE

대체로, 예술가들은 유리를 디자인할 때, 건축가들과는 다른 시각을 가지고 있다. 대부분 그들의 목적은 다음 이미지들에서 우리가 확인하듯이, 특별한 모습을 디자인 하는 것이거나 건물에 현지화 된 효과를 창조하는 것이다. 반면, 건축가들은 구조 전체의 짜임새에 무언가 첨가시키기를 원한다.

본 책의 이번 섹션은 다섯 개의 기본 기술로 나누어져 있는데, 이것은 건축 섹션에서보다 두개 더 많은 것이다. 예술가들이 각각의 기술을 재현하는데 선택된 예술가들은 항상 같은 것을 사용한다고 상상하는 것은 잘못된 것이다. 몇몇은 특정 프로젝트를 진행함에 있어서 에나멜 유리를 사용할 수도 있다. 합판 앤틱유리는 다른 곳에, 혹은 어떤 프로젝트에서는 둘을 혼합해서 최종 결과로는 슬럼프 유리나 모래분사 유리를 사용할 수도 있다. 이러한 예술 형태에서 발생했던 변화들은 거대한 혹은 작은 스케일의 프로젝트 등의 다양한 프로젝트에서 반영되어 있다.

세계에서 몇몇의 주요 유리 예술 스튜디오들은 유리 디자인의 제조공정을 특성화 하고 있다. 이것들은 기술에 있어서 그들의 설비를 확장하고 새로운 기술을 가능하게 만들고 변하지 않는 방법론을 따라가면서 혁명적인 방식의 최전선이 되어왔다. 그럼에도 불구하고 몇몇 예술가들은 그들 작업을 실행함에 있어서 완벽한 통제를 가능하도록 하는 것을 선호한다. 그리고 그들 자신의 공장과 작업에서 그들의 디자인을 제조하는 설비와 인력을 개발하기를 선호한다.

유리에 조금 혹은 전혀 경험이 없는 예술가들에게 계속적으로 업무를 위임하는 사례가 늘고 있다. 그럼에도 불구하고 이것은 모던적 현상이 아니다. 조슈아 레이놀즈, 프랭크 로이드 라이트, 에드워드 번-존스, 안토니오 가우디, 요셉 알버스, 앙리 마티스, 샤갈, 존 파이퍼, 이들 모두 명백하고 모두 디자인된 유리창을 지명하는 것이다. 그들 모두 이전에 대면했던 그 어떤 것보다도 더 만족스러운 것 중 하나로서 그 매개체를 경험했다. 샤갈은 90세에 그가 70대에 유리로 작업을 시작할 수 있었기 때문에 그가 그렇게도 훌륭히 노년을 보낼 수 있었다고 술회했다.

유리는 다른 매체와는 완전히 다른 것이다. 왜냐하면-각각의 예술가가 마치 그전에 한번도 언급한 적이 없었던 것처럼-그것이 조명과 같이 작용하기 때문이다. 그리고 시각적 미학의 첫 번째 요구사항인 빛을 얻는 것보다 더욱 기본적인 것을 얻는 것이 더 어렵다.

이전 페이지 **Greenwood 도서관**
미국 워싱톤주 시애틀 소재. 2004년 Fernanda d'Agostino 제작. 비디오, 청동, 석재 그리고 유리로 작업하는 설치예술가. 이 창문은 이중의 단위로 되어 있다. 각각의 유리 레이어들은 스크린 프린트되고 에나멜 에어브러쉬로 작업이 된 것으로 질감이 있는 배경에 떠다니는 이미지들을 만들어내고 있다.

위 왼쪽. **유대교회당,**
이스라엘, 예루살렘 소재. 2002년 Mira Maylor 제작. 이 세부 디테일은 슬럼프 유리로 창조된 표면의 질감을 보여준다. 이 패널은 또한 차가운 색으로 색칠되어 있다.

위 **Vision's Nucleus, 개인 주택,**
미국 뉴욕소재. 2001년작. Eric Hilton 제작. 이 작품의 일부분은 보래 분사에 의해서 깎여 나간 것으로, 힐튼과 같은 예술가가 어떻게 편평한 유리를 조각된 삼차원의 형태로 바꿀 수 있는지를 보여주고, 어떻게 칼라유리가 하얀색 바탕에 대조될 수 있도록 도입될 수 있는지를 보여주고 있다.

위 **Baker Mckenzie 대기업 본사**
영국 런던 소재. 2003년작. 그래이엄 존스 제작. 거대한 스크린의 일부 세부는 스크린 프린트된 에나멜과 산화 에칭을 더한 것과 녹색과 노랑색의 앤틱 유리를 더한 것을 보여주고 있는데, 이것들이 표면에 접착되어 있다.

오른쪽 위 **LEIF HOEGH & CO 대기업 본사**
노르웨이 오슬로 소재. 2005년 Espen Tollefsen 제작. 유리위에 디지털 프린트 된 필름은 양 쪽면에서 보여지는 파티션 된 사무실에 있는 이미지들을 만들어내고 있다

오늘날 우리는 "스테인드글라스"라는 표현을 납유리로 결부시키는데 익숙해져 있다. 사실 그 용어는 단순히 유리를 스테인드글라스로 만드는 행위를 말하는 것이긴 하다. -유리에 색깔을 입히고, 굽는 처리를 해서 그것들이 유리의 일부분이 되게 하는 것이다. 그 프로세스는 천년동안 스테인드글라스의 전통의 중심부분이 되어왔다.

이번 섹션에서 우리는 많은 예술가들이 진행시켜왔던 방식에 대해서 탐구할 것이다. 즉, 납유리를 사용하는 것뿐만이 아니라, 블로운 칼라유리까지도 포함시켜 탐구할 것이다. 계속적으로 그들은 유리 위의 색을 만들기 위해 플로트 유리위에 에나멜 페인트를 사용해왔다. 일단 굽는 처리과정을 하면 그 생산물은 구조적인 유리의 기준적인 작품으로서 작용할 수 있는 목적으로 되어 있는 것이다.

에나멜이 다른 종류의 착색 매체와는 다르게 만드는 굽는 처리과정에 빚을 지게 되는 특별한 요구사항을 가지고 있지만, 에나멜을 적용시키는 방법은 단지 세 가지 주요방법만이 있을 뿐이다. 이들 넓은 영역의 범주안에서 개별적인 장인들과 예술가들이 다른 효과를 성취하는데 사용되는 많은 트릭과 기술들이 들어있기는 하지만, 그것들은 페인트칠 되거나 에어브러쉬 처리되거나, 스크린프린트 될 수 있다.

유리로 된 에나멜은 투명하고 불투명한 형태로 나타나게 된다. 투명한 칼라는 작은 스펙트럼으로 만들 수 있고 열(즉 굽는 처리의 내구성)과 심지어는 습기에 민감하다. 투명한 에나멜은 종종 색을 더 밝게 하고 유리를 투명하기 보다는 반투명하게 만들면서, 에칭 유리에 사용되고 있다.

건축가들은 수 년 동안 '구운' 유리를 사용해왔다.(20-21페이지 참조) 에나멜 유리는 같은 재료이다. 곧바로 협력을 위한 기회를 만드는 이러한 방법론의 집중성이다.

위 **SYMFONIA**
노르웨이 오슬로 국립대학병원 소재. 2000년 제작. 크기 8×20m(26×65ft). Odd Tandberg 제작. 이 유리창은 외부의 이중 유리에서 내측유리면 위에 투명한 스크린 프린트된 에나멜로 제작된 것이다.

반대편 좌상 **James Cook 대학병원**
영국 미들즈브러 소재. 2002년 브리짓 존스 제작. 세 개의 패널들이 이중창으로 된 유닛과 에나멜로 된 스크린 프린트와 산화 처리한 에칭된 추상 형태로 표현되어 있다.

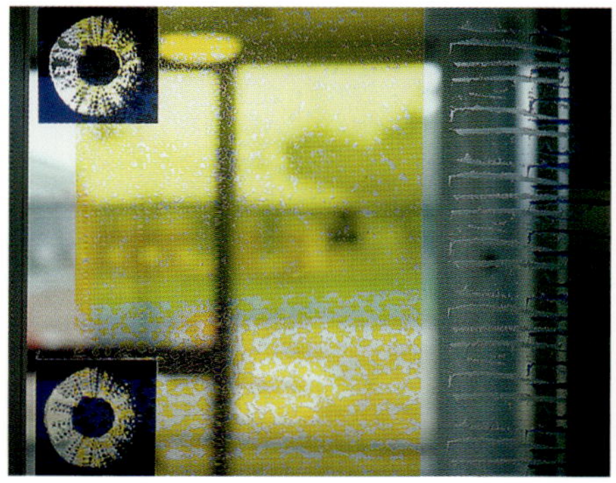

우상 **James Cook 대학병원으로의 진입구**
모든 표면의 처리는 청소를 쉽게 하기 위해서 기본단위의 내부에 있다. 이것은 강화 유리 패널에 합판으로 된 성게모양의 앤틱 유리의 사각형을 포함하고 있다.

위 **Time & Tide**
미국 뉴저지주 22번지 Bayonne역 소재. 2004년 케네스 립Keneth Leap 제작. 총 12mm(0.5인치)의 거친 유리로 된 15개의 패널들이 이색성의 유리와 빗각의 띠 모양을 지닌 7가지 색깔과 레이어들로 된 타운의 이미지가 스크린 프린트되어있다.

위 **Aqua**
캐나다 오타와주 쿠웨이트 대사관 소재. 2001년 사라 홀 Sarah Hall 제작. 모래분사유리와 수작업의 에어브러쉬 에나멜로 제작된 패널은 열대의 바다풍경의 질감과 색에 대한 감성을 불러일으킨다.

마틴 돈린은 Swansea 건축 및 유리학교를 1987년에 졸업했다. 스테인드글라스 예술가로 훈련받았음에도 불구하고, 그는 곧 그 자신이 플로트 유리로 작업해야 하는 일을 하고 있음을 알게 되었다. -외부난간, 거대한 바닥부터 천장높이의 거울, 평평한 벽과 휘어진 유리 캐노피 등이 그것이다.

그의 첫 번째 거대한 프로젝트 이래로 1989년에 돈린은 영국과 외국에서 대부분 건물의 형태와 구조에 쉽게 통합될 수 있는 거대한 플로트 유리패널작업을 수행하면서 프로젝트를 창조해왔다. 다른 많은 유리 예술가와 같이, 그는 앤틱 유리를 플로트 유리나 기타유리와 접착하는 것뿐만 아니라, 다른 유형의 에칭과 페인팅, 에어브러쉬 기법, 그리고 에나멜로 프린팅하는 기법을 포함하면서, 기술을 혼합하고자 했다. 돈린은 숙련된 일러스트레이터이며 이미지와 텍스트 혹은 형태들을 사이트와 특별한 기능 혹은 건물의 콘텍스트를 혼합시키는 것을 좋아한다. 아래에 보이는 맨체스터 브리지는 그 지역의 역사로부터 만들어진 작은 세부 그래픽을 사용하고 있다. 반면, 리버풀 시네마는 엠파이어 극장의 역사와 유명한 안무가의 디테일을 포함하면서 거대한 찢어진 듯한 티켓 형태로 되어 유리 바로 옆에 서있을 때만 볼 수 있는 수 백개의 뒤얽힌 이미지들로 되어있다. 돈린은 이러한 아이템들의 혼합을 별 노력 없이 만들어내는 듯 보인다. 사우스 햄턴 시네마의 유리(80쪽 참조)는 영화필름 릴과 다른 영화이미지에 대한 예들로 채워져 있다.

그의 재능은 강력하고 대담한 해결방식에 집착하고 있다. 디자인들은 멀리서 보면 단순하고 생생한 형태로 느껴진다. 그럼에도 관찰자가 가까이 다가감에 따라 흥미를 자아내는 디테일들을 드러낸다. 그의 작업은 구축하기에 복잡하지 않다. 모든 디테일은 매우 세심하게 계획되었다. 그 결과로 나타나는 것은 비용면에서 능률적이고 관련된 것들을 더욱 좋게 만들고 있다.

1

1 TIB 스트리트 브리지 링크
영국 맨체스터 소재. 영국 1999년 18×2.2m(59×7ft). 건축가 스테픈슨 벨Stephenson Bell과의 협력으로 지어진 이 브리지는 강화 유리와 스크린 프린트된 불투명과 투명 에나멜유리로 되어 있다.

2 TIB 스트리트 브리지 링크
내부에서 보면, 보행자가 그 브리지를 따라 지나갈 때 즐길 수 있도록 세부 그래픽과 지도와 텍스트 여러 개를 드러내 보이고 있다.

3 엠파이어 극장
영국 리버풀 소재. 2002년작. 크기 6mm×15m (0.2in×50ft). 건축가: 엘리스 윌리암스Ellis Williams. 이 영화관의 외부전경은 에나멜 칠한 강화 유리로 장식되어 있는데 이것은 뚜렷하게 내부와는 다른 것이다. 거기에는 많은 세부 아이템들이 등장한다. -이야기 구조의 내용뿐만 아니라 질감을 첨가시키고 있다.

2

3

4

4 **하버 라이트 시네마**
영국 사우스햄턴 소재. 크기 12×2.4m(40×8ft). 건축가 버렐 폴리 피셔Burrell Foley Fischer. 이 예술 유리 작품은 건물의 남쪽입면을 형성한다. 영화와 영화 상영과 관련된 세부 디테일들은 더욱더 둘러싼 공간에 들어설 때 튀어나오게 된다.

5 **Brewery Lane**
웨일즈 Bridgend 소재. 2004년 완공. 크기: 150평방미터(1600평방피트). 건축가: 위글리 폭스 파트너쉽Wigley Fox Partnership. 이 사무소 프로젝트는 강력한 색의 수직띠를 통해 환상적인 밤시간대의 랜드마크를 형성시켰다. 세부적으로 보면 작은 사람의 형상을 유리 패널들 사이에서 확인할 수 있다.

5

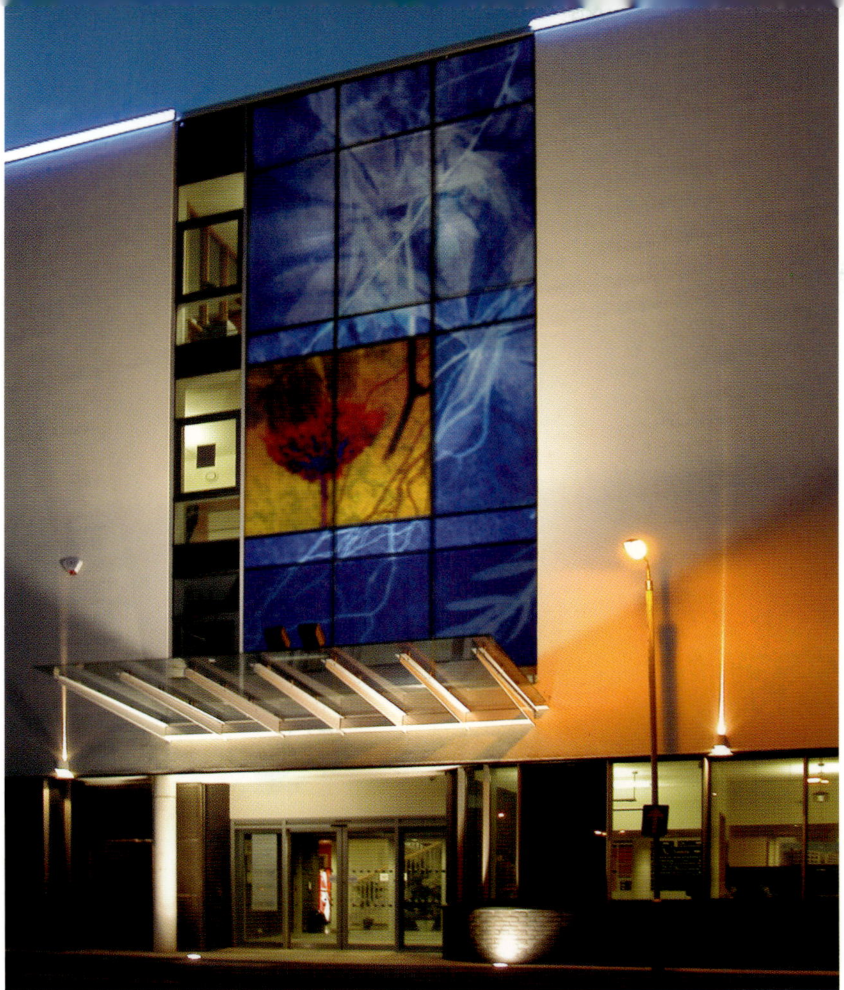

6

6 헐리우드 아치 병원
북아이랜드 벨페스트 소재. 2004년작. 크기:5×15m (16×50ft). 건축가: Todd Architects. 유리는 건물의 치유하는 역할과 관련된 허브와 다른 식물들의 이미지들로 프린트 되어 있다. 그 작업은 빛이 변화함에 따라서 변화된다.

7 헐리우드 아치 병원
내부 전경. 다른 프로젝트들과는 대조적으로 그 작업은 더욱 추상적으로 된다. 유리에 더욱 다가가면 갈수록, 반면 거리가 멀어지면 실제 이미지가 더욱 뚜렷하게 나타난다.

7

워싱턴 주는 미국에서 Hot Glass 스튜디오 무브먼트의 중심으로 잘 알려져 있다. 그리고 타코마는 새로이 개장한 Glass 뮤지엄으로 이러한 운동의 중심지가 되었다. 그 워싱턴 주는 이렇게 정체성이 더욱 확고해지게 하기 위해 최근에 여러 예술가들에게 공공 유리 예술 프로젝트들을 의뢰하였다. (84-85페이지의 린다 버몬트의 Sea-Tac 공항 프로젝트 역시 참조)

스튜어트 킬러와 마이클 매크닉은 건축적 공공예술 작업을 만들면서 독립적으로 또는 팀으로 작업한다. 이 프로젝트에서 그들의 핵심작업이 되는 타코마 컨벤션 센터는 단순한 유리막 이상의 것으로 둘러싸여 있다. -그것은 그 공간을 고취시키기 위해 건축가와 협력하여 작업한 지역 역사를 표현하고자 하는 주도적인 개념으로 되어 있어서 절대적인 영향력을 주고 있는 건물의 유리막으로 디자인 되어 있다.

타코마는 한 때 목재산업으로 대표되는 지역으로 울창한 나무들로 전 지역이 숲을 이루고 있었다.

이런 유래로부터 그림자 같은 오래된 나무 목재 5그루의 이미지들은 어쩔 수 없이 주목하게 만든다. 거대한 스케일의 도트로 된 스크린으로 프린트된 것들은 투명하고 공기와 같은 느낌이다. 이것은 도시 외곽의 활화산인 Rainier 산의 지형선으로 프린트된 것과는 대조적인 느낌으로 작용한다. 이 산은 계곡의 평지로부터 솟아나 종종 눈과 얼음으로 둘러싸여서 구름에 가려져 있다. 따라서 타코마 컨벤션 센터의 전체 파사드는 위에서 보이는 바와 같이 추상적인 이미지로 덮혀 있다. 이것들은 약간 잘못 칠한 두 가지 색으로 프린트 되어 있다.-반투명의 흰색과 풍부한 투명 금색으로 되어 있다. 금색은 내부의 목재 마감을 지니고 있는 톤과 같은 브리지를 형성하는데, 이것들은 자체로 킬러와 매크닉의 건물 콘셉의 중요 부분을 형성한다.

1

1 **신격화**aphotheosis
미국 워싱턴주 타코마 컨벤션 센터 소재. 2005년 제작.
건축가: Wyn Bieleska.
세부는 흐릿한 나무(우측의)의 병치된 이미지와 세피아색의 지도 윤곽선을 보여주고 있다.

2 **신격화**aphotheosis
낮시간 동안 이 240평방미터(2400sqft)의 외관은 주광에 유리에 아무런 이미지를 보여주지 않는다.

2

3

3 **신격화**aphotheosis
건물의 내부에서, 위쪽에서 계단실을 아래로 너다보면, 유리의 모습은 내부와 외부사이의 중간 필터로서 작용하면서 완전히 변화한다.

4 **신격화**aphotheosis
관찰자가 유리 뒤의 하늘을 있는 위쪽을 보면, 그 이미지는 건물의 다른 차원을 만들어내면서 그 건축의 수직요소로 드러난다.

4

1

시애틀 타코마 국제공항의 새로운 콘코스에 있는 이 유리부분에 대한 의뢰 부분은 100m(330피트)가 넘는 길이이다. 높이가 큰 유리 패널은 모든 국제 여행자가 통과해야만 하는 루트를 둘러싸면서 공항의 안정적인 영역과 불안정적인 영역사이의 스크린의 역할을 한다.

그 디자인은 워싱턴에서 작업하는 예술가인 린다 버몬트가 디자인 한 것으로 태평양 연안의 북서부 풍경에 대한 자연의 경이감과 역사를 반영하는 것이다. 버몬트는 나무들과 나이테와 작업중인 벌목꾼들의 이미지들인, 1900년대 초기의 사진을 사용하여 그녀의 사진 콜라쥬를 창조해왔다. 형상적인 것과 추상적인 이야기구조 모두를 이미지들로 조합시킨 것은 그 지역의 고대(1000년 이상 된 나무)와 현재의 역사 모두에 대한 강력한 감정을 이끌어낸다.

그 작업은 채색되고 에어브러쉬 작업되고 판형으로 제작되기 이전에 유리 레이어상에서 작업된 모래분사유리와 에나멜 칠을 사용하여 제작되었다. 이러한 스케일의 작업에서는 일반적이 않게도, 그 예술가는 또한 유리

2

1 **Sea-Tac 공항**
미국 워싱턴주 시애틀 소재. 2004년 완공, 115×3m (380×10ft), 에나멜칠 된 합판유리. 세쿼이아 나무의 핵심 샘플이 날개의 이미지와 같이 여러 차례 복사되어 흐르는 이미지를 창조하고 있다.

2 **Sea-Tac 공항**
오랜 세월동안 형성된 숲의 장엄한 나무들이 경외감을 불러일으키는 힘을 느끼게 하면서 빛과 유리의 추상적인 구성으로 만들어져 있다.

3

안에서 나오는 것처럼 보이는 풍부하고 따뜻하게 빛나는 느낌을 얻기 위해 "은색의 얼룩" 요소를 사용했다.

은색 얼룩은 13세기 이래로 스테인드글라스에서 사용되어 왔던 산화금속막이다. 적절한 온도에서 구워서 처리하면 그것은 옅은 레몬색에서 풍부한 금색의 노란색과 어두운 호박색의 범위의 색으로 만들어진다. 산화철이 유리와 혼합되는 방식은 유리로 된 에나멜과는 다르다. 현대의 거대한 작업들에서의 제한요소는 강화 유리에 사용되는 높은 온도에 잘 반응하지 않는다는 것이다. 여기서 그 유리는 판형 합판유리가 되고 따라서 그것은 이러한 "얼룩"에 적당한 온도에서 구움 처리된다.

숙련되고 다재다능한 예술가인, 린다 버몬트에게 있어서, 이 프로젝트는 유리로 작업한 그녀의 첫 번째 본격적인 작업이었다. 그것은 투명성과 빛을 덧붙인 차원의 새로운 발견이었다. 그녀는 이제 그녀의 표현에 따르면 그 매개체에 매료당했다고 말하고 있는데 그것은 그녀에게 이차원적인 작업 이상의 것을 주고 있다고 한다.

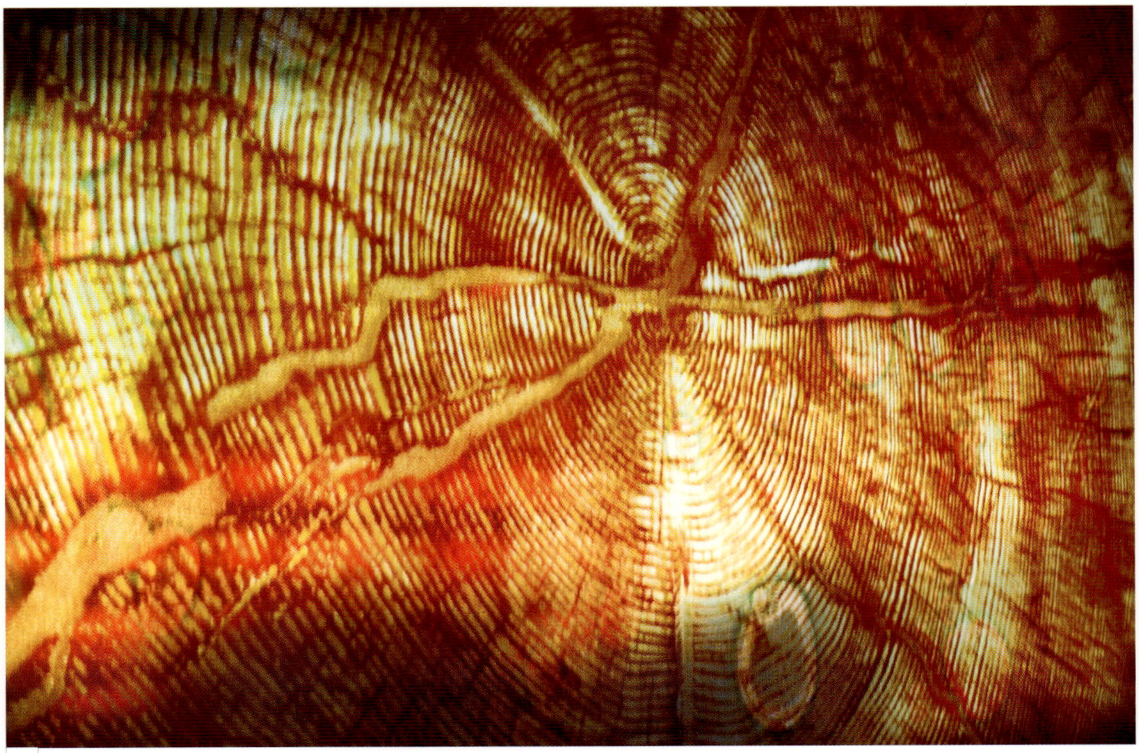

4

3 **Sea-Tac 공항**
이 사진은 거대한 이미지들이 있는 잘라낸 나무기둥과 풍부한 나이테 패턴들이 새겨져 있는 이 패널의 크기에 대한 인식을 만들어준다.

4 **Sea-Tac 공항**
확대해보면 우리는 특히 여기서 외부에서 나오는 주광에 의해 활기있게 될 때, 그 유리가 내부에서 화염 처리되어 나타난다는 사실을 알 수 있다.

미카엘 뢴과 요른 노이만은 제한적이지만 강렬한 디자인으로 명성을 쌓아오면서 거의 10년 동안 팀을 이루어 작업을 해왔던 독일 유리 예술가 커플이다. 여기서 보여지는 유리모습은 독일 북서부에 있는 병원에 위치해있는 것으로 전적으로 에어브러쉬 에나멜 작업으로 채색된 것이다. 각각의 9개의 패널들은 한번 이상 구움 처리가 된 것이며 몇몇은 세 번 처리가 되었다. 텍스트는 에나멜로 구움 처리 된 이후에 칼라 유리 표면위에 모래분사 작업이 된 것이다. 모든 패널들은 이중창의 단위로 제작되었다. 그리고 몇몇 영역에서 패널들의 전면은 부분적으로 전체적인 효과에 깊이를 더해주기 위해, 그리고 또한 전면의 표면에 반응을 감소시키기 위해 모래분사 처리 되었다.

이러한 유리의 모습은 자연광이 전혀 들지 않는 옛 병원의 한쪽 부분에 위치해 있다. 후면에서 빛나는 프로젝트의 목적은 기존의 유리의 부재를 완화시키는 것이고, 동시에 병원의 대기영역의 친근하고 환영적인 분위기의 공간을 만드는 것이다.

이것을 염두에 두고, 그 예술가들은 색의 부드러운 그라데이션이 있는 따뜻하고 부드러운 색을 사용했다. 슬라이딩 되는 유리 패널인 것처럼 프레임을 디자인함으로써, 그것들은 조명벌브들을 변화시키는 것이 쉽다. 또한 단순히 몇몇 다른 장소에 있는 파티션에 대한 특별한 느낌을 강조시키고 있다.

뢴과 노이만은 다양한 범위의 작업을 독특한 취향으로 제작했다. 그들은 거의 하지는 않지만, 종종 아름답게 선택된 색과 강렬하게 대조적인 색들을 사용하는데, 그것은 사실 상대적으로 거의 그늘을 만들지 않으면서 매우 컬러풀한 창문의 인상을 만들어 낸다. 유리로 작업하는 많은 예술가들처럼, 그들의 많은 작업들은 납유리이다. 그러나 그들이 플로트 유리로 작업할 때 프로젝트에 보여지는 것처럼, 그들의 스타일은 중요하게 덜 과밀하고 덜 단순하고 더 금욕적으로 되는 방향으로 이동한다.

1

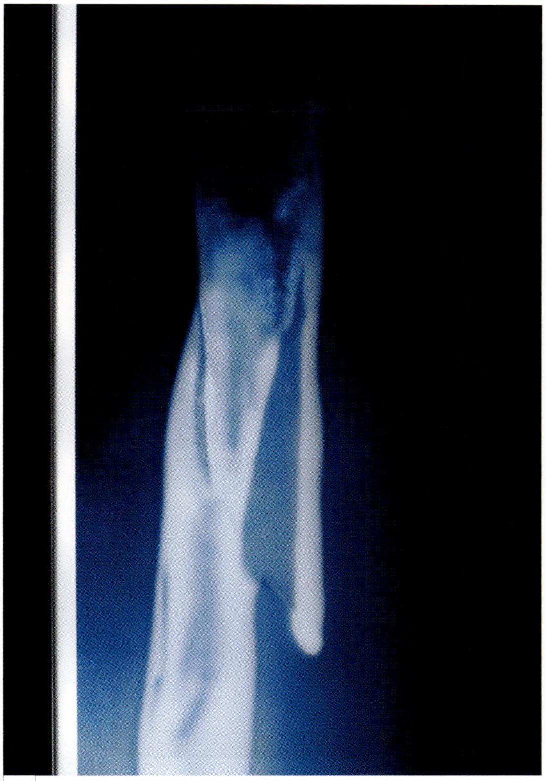

2

3

1 **St. VINCENZ 병원**
독일 Pederborn 소재. 2004년 작. 크기: 10×2.5m (35×8ft). 후면이 빛나는 유리 모습은 자연광이 전혀 들지 않는 병원 일부에 위치해 있는 것으로 유리 위의 에어브러쉬 에나멜로 채색되어 있으며 유리분사 작업으로 되어 있는 레터링이 있다.

2 **St. VINCENZ 병원**
후면에 빛나는 스크린에 있는 디테일에는 따뜻한 색깔의 후면과는 대조를 이루는 파란색으로 표현된 부러진 뼈의 X레이 사진을 보여주고 있다.

3 **St. VINCENZ 병원**
심장병 치료에 사용되었던 추출물인 꽃의 X레이 사진을 보여주는 후면이 빛나는 스크린 디테일이다.

암버 히스콧은 잘 알려진 사우스 웨일즈 스완시Swansea 대학에서 원래 스테인드글라스를 전공했다. 그때 이후로 웨일즈는 그녀의 본거지가 되었고 예술가로서의 정체성을 확립하는데 많은 역할을 하였다. 히스콧은 공공예술가로서의 명성을 얻었다. 그녀는 많은 주문제작 작품을 완성했는데, Welsh 수도인 Cardiff에 있는 최근에 완성된 밀레니엄 센터와 같이 많은 작품들이 병원과 다른 대규모의 공공건물에 있다.

히스콧의 유리 작업들은 작은 규모의 디자인을 거대하고 인상적인 유리작품으로 변환시키면서 종종 그녀가 유리작업만큼이나 동등하게 화가로서의 경력도 있음을 반영하여 보여주고 있다. 여기서 묘사되었던 특정 작업에서 우리는 그녀의 색에 대한 대담한 감각을 확인할 수 있다.

최신의 Great Western 종합병원(아래사진과 반대편 사진 참조)의 진입부를 장악하고 있는 12m(40ft) 높이의 벽에 설치한 모습은 에나멜 칠된 유리가 적절하게 실행된다면 후면의 빛을 주지 않고도 훌륭한 느낌을 줄 수 있는지를 보여주고 있다.

북 웨일즈 암 치료병동 센터 프로젝트는 유리를 훌륭하게 사용했음(반대편 참조)을 증명하고 있다. 다채로운 색의 난간은 주위를 둘러싼 발코니뿐만이 아니라, 내부 중정공간을 변형시킨다.

발코니의 산책로에 쓰인 유리는 양쪽 편에서 나타났던 시각을 허용하면서 창문을 만들음으로써 불투명한 에나멜을 사용하여 다른 영역을 명확히 나타내보여주고 있다. 이것은 위쪽의 프라이버시를 어느정도 확보해준다. 또한 모든 시각방향에서 색이 강하게 느껴지게 만든다. 여름에 태양빛은 건물의 물결진 메탈지붕에서 반사되어 노란색 패널에서 굴곡이 있는 선을 만들어낸다. 투명 에나멜과는 달리 불투명 에나멜은 전통적인 스테인드글라스와 연계된 바닥과 벽에 색채의 "반사"를 일으키지 않는다. 따라서 유리에 떨어지는 빛에 의해 창조되는 실제 그림자들이 있다. 이들 패널들에 대한 디자인들은 아이들과 작업을 하는 가운데 발전된 것이다.

1

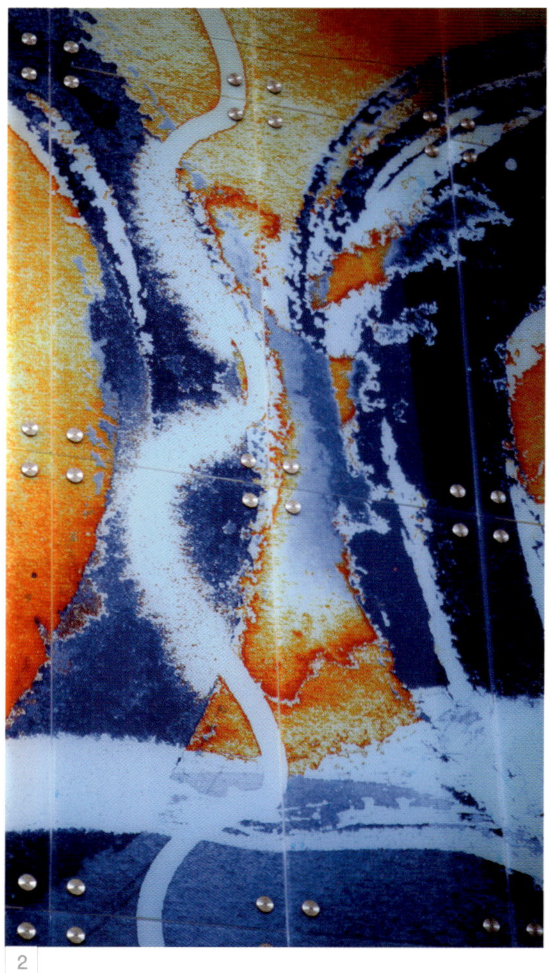

2

3

1 **"여행"**
영국 런던 Great Western 병원내 소재. 2002년작. 20개의 벽으로 서있는 스크린 패널은 4×10m(13×33ft)로서, 에칭된 바탕에 불투명한 에나멜 처리되어 있다.

2 **"여행"**
이것은 어떻게 원래의 수채화 디자인이 드릴로 구멍을 낸 강화 플로트 유리에 프린트되어 표현했는가를 보여주는 디테일이다. 후면조명은 필요하지 않다.

3 **"North Wales 암치료 센터"**
웨일즈 Glan Clwyd 병원내 소재. 2001년작. 각각 대략 1×2m(3×6.5ft), 상당한 높이로 둘러싸는 발코니 스크린을 만들면서 여기서는 아래쪽의 풍광있는 정원에서 볼 수 있다.

4 **"North Wales 암치료 센터"**
발코니로부터 보여지는 스크린은 투명한 영역을 통해 중정이 보이게 하면서 현지 아이들과의 협력작업과 연관된 다색의 디자인을 보여준다.

4

DAVID PEARL 데이비드 펄

1 **"급수탑"**
웨일즈 카디프 소재. 2000년작. 각각의 타워는 5m(16ft)의 둘레와 10m(33ft)의 높이이고 16개의 휘더진 강화 합판유리 패널로 만들어져 있는데, 각각의 패널은 1.25×2.5m(4×8ft)이다. 그 이미지는 Amber Hiscott가 그린 수채화에서 취한 것이다.

영국 예술가 데이비드 펄은 영국과 캐나다에서 25년 동안 유리 예술가로 작업을 해왔다. 그는 스타일이 없는 디자이너이다. 그런 만큼 개념적으로 구조적으로 기술적으로 다른 작업을 할 수 있는 더 많은 방식의 사고와 작업과 욕망이 있다. 그것은 그 자신보다 20살 이상이나 어린 학생들 옆에서 스스로 새로운 스킬과 새로운 사고방식에 도전하면서 런던의 저명한 바틀렛 건축대학에서 마스터 학위를 끝냈던 그의 예술을 보면 펄의 대단히 왕성한 호기심 넘치는 접근방식을 확인할 수 있다. 그는 현재 스킬의 목록에 사진과 비디오를 추가시키고 있다.

카디프의 급수탑 프로젝트는(우측 참조) 디테일에 결실을 가져오게 했던 펄의 스킬과 작품수행의 전 과정을 필요로 했다.

1

2

3

2 **"Princess of Wales 병원"**
웨일즈 Bridgend 소재. 1999년작. 내부 곡선 스크린. 크기: 7×2.1m(23×7ft). 불투명과 투명의 에나멜이 휘어진 합판유리위에 채색되어 있다.

3 **Basingstoke Lido**
영국 Basingstoke 소재. 2002년작. (13×20ft). 7개의 창문중 하나에 이 설계경기에 있었던 수영장에 제작되었다. 그 이미지는 수면위의 빛에 대한 연구에 근거하고 있다.

4

5

펄은 처음 보면 마음속에 그리면서 스틸구조와 비슷하게 하는 것보다는 유리가 주요인상이 될 때까지 구조를 세련되게 하면서 여러 개의 설치작품을 만들었다. 그 타워는 불투명한 에나멜이 밤시간 만큼이나 어떻게 낮 시간 동안에 역할을 하면서 투과하는 빛과 반사광에 작용하는지를 보여준다.

휘어진 스크린은 반대로 보이는 것으로, 이것은 불투명하고 투명한 색깔의 혼합체이다. 불투명한 파란색은 시각적으로 유리의 휘어진 형태를 존속하게 하는 역할을 돕고 있다. 그리고 명확한 수평선은 그 스크린의 조절된 곡선을 조정하는 것을 돕는다. 순환하는 형상의 이미지는 투명한 핑크색과 노란색으로 표현되었는데, 푸른 하늘 배경에 대조적으로 표현되어 있다. 그 결과로 나타나는 것은 시각적 투과를 가능하게 하는 나누어진 구조이고 불투명한 표면에 작은 투명한 틈을 지니게 된다. 그 스크린은 바닥과 상부가 고상한 미니멀적인 스테인리스 스틸 판으로 지지되어 있다.

4 **"급수탑"**
조각이 원형의 급수탑에 설치되어 있다. 샘이 유리 뒤에 설치되어 있어서 급수탑은 빛으로 충만한 물의 한가운대로부터 색이 나오는 기둥을 표현한다.

5 **"급수탑"**
여기서 보여지는 타워는 햇빛에 의해 표현된다. 그것들은 내부적으로 강화케이블 시스템에 의해 엄청난 바람의 압력에 견딜 수 있도록 설계된 스테인리스 스틸 기둥에 의해 지지된다

토비아스 카메러는 독일 남부 출신이고 1980년대 후반에 비엔나에서 회화와 조각을 전공했다. 많은 유리 예술가들에게 매개체로서 그가 유리의 가능성을 발견한 것이 일순간 조명을 받게 되었다. 카메러는 이미지들이 어떻게 다른 종류의 빛에 반응할 것인지에 대해 탐구하는 모델을 창조하였다. 그는 확실히 화가/유리 예술가의 전통의 일부분으로서, 그의 작업들은 매우 넓은 유리위에 실행된 회화를 닮았는데, 그것은 색들이 서로를 교차할 때 톤과 깊이의 조절과 거대한 붓칠을 한 것과 같은 아름다움이 있다. 카메러는 세속적인 콘텍스트에서 교회의 역할과 같은, 뚜렷한 스타일을 가지고 있다. 유리에 대해 숙련되어 있기 때문에, 그는 프로 유리 스튜디오를 가지고 작업하면서 그 자신이 많은 해석작업을 수행한다. 여기서 보여지는 작업 모두에서, 우리는 투명과 반투명에 대한 상호작용에 대한 그의 관심을 확인할 수 있다.

철강회사의 5층 높이의 계단실을 꾸며 만든 그의 극적 요소는 얼마나 성공적으로 그것이 유리위에 색을 사용함으로써 이렇게 놀랄만한 콘텍스트에 사용될 수 있는가를 보여주고 있다. 계단실은 종종 대단히 많이 사용된다. 그럼에도 불구하고 동시에 그것들은 단순히 지나치는 공간일 따름이다. 누구도 실제로 거기에서 작업하거나 집중할 수 없다. 그것들은 유리에 있어서 극적인 상태를 주는 완벽한 기회를 제공할 수 있다. 외부의 모습은 특히 밤에, 주위 풍경의 주요한 장면이 될 수 있다. 그리고 이 사례에서는 그 작업을 위임했던 회사의 사인으로 작용한다. 카메러가 제작한 Nagold에 있는 폭스방크Volksbank의 23m(75ft)길이의 스크린은 그의 완숙한 작업에 대한 좋은 사례이다. 그 디자인은 단순하게 느껴진다. 그것의 요소조각들은 겹치는 것보다는 상호작용하고 있다. 색들은 쭉쭉 뻗고, 강하고 대조적이다. 형태는 매우 명확하게 규정된다. 비록 이 미지에서 우리는 모든 스크린 중에 단지 일부분만을 보는 것이다. 완결된 효과는 드라마의 균형이고 진중하고 조용한 휴식상태이다.

1

2

3

1 **Hagener Feinstahl**
독일 Hagen 소재. 1998년 제작. 거대한 교차로에서 주요한 랜드마크를 창조하고 있는 계단실 예술작업의 외부 전경.

2 **Hagener Feinstahl**
이 디테일은 얼마나 색이 격렬하게 될 수 있는지를 보여준다. 투명과 반투명유리가 교차하는 방식은 완전히 다른 시각을 부여한다.

3 **Hagener Feinstahl**
계단실은 유리예술을 위한 가장 좋은 기회를 제공한다. 종종 거주자들에 의해 많이 사용되기 때문에 계단실들은 덧붙여진 극적요소로서 이익을 얻을 수 있는 전이공간이다.

4 (다음쪽) **Volksbank**
독일 Nagold 소재. 2001년 제작. 이러한 물결과 같은 반투명의 파티션 벽은 공간을 양쪽으로 변형시킨다. 유리는 사용의 변화에 따라 부분적으로 접힐 수 있다.

사샤 워드가 유리 예술가가 된 과정은 전혀 일반적이지 않다. 그녀는 예술 대학에서 3년간의 공부 이후에 3년간 스테인드글라스 유리창을 만드는 학업을 마쳤다. 그리고 마침내 매우 들어가기 힘든 런던에 있는 왕립 예술학교에서 석사 과정을 2년간에 걸쳐 마쳤다. 이러한 과정은 많은 유리 예술가의 창조적 여정과는 반대되는 것으로, 그는 종종 많은 다른 매체를 시도한 이후에 유리로 "귀결되곤" 했다.

프로로서의 경력의 시작에서부터 워드는 플로트 유리 위에 에나멜 칠을 하는 것에 관심이 있었다. 그녀의 프로젝트들의 대부분은 거대한 스튜디오와의 협력하에 이루어졌으나 그녀는 그녀자신이 그녀 자신의 스튜디오에서 최초의 샘플들을 만들고 있다. 최근에 그녀는 실제 유리 제조공정의 많은 것을 가능하게 해주는 그녀 소유의 장비를 늘려나갔다.

여기서 보여주고 있는 수영장 프로젝트는 콘셉과 실행에 있어서 매우 건축적이다. 주요 패널들은 완전히 개념에 있어서 그래픽적이다. 반면에 세부 이미지(우측)는 건물의 다른 영역으로 발전해감에 따라 어떻게 단순한 콘셉이 더욱 복잡하게 되는지를 보여준다.

반대편에 보여지는 13m(43ft) 높이의 걸려있는 장면은 모든 면에서 야심찬 작업이다. 그 디자인은 아래에서

1

2

보여지는 것처럼, 투명한 푸른색의 모양이 있는 상대적으로 단순하고 과감하고 불투명한 오렌지색의 형태와는 명백하게 대조적이다. 그러나 우리가 디테일 사진에서 보는 바와 같이, 일단 엘리베이터 내부를 더욱 자세히 보면, 그 패널들이 디테일들을 거칠게 그린 것으로 충만하게 나타나고 있다.

워드의 작업은 병원의 형태의 조화와 관련이 깊다. 그리고 완전히 거칠게 유기적 디테일들이 표현된다. 그녀는 에나멜 칼라의 대가이고 거대한 팔레트를 사용한다. 이 모든 것은 유리위에 혼합과 굽는 처리하는 에나멜작업에 대한 그녀 자신의 세부적인 실험으로부터 도출 된 것이다.

1 **Carterton 레저 센터**
영국 옥스퍼드 근처 소재. 2003년 제작. 건축가: 챠일즈 Childs & 슐츠만Sulzmann. 세 가지 다른 색의 파란색으로 프린트되어 있는 유리위의 그 디자인은 건축에 통합되게 되었다.

2 **Carterton 레저 센터**
두 개의 내부패널 중 하나로부터 나온 세부디테일들은 각각 1.5×2.4m(5×8ft), 인데 그것들은 그 주제를 나타내고 있다.

3

3 **"두려움을 모르는 계단"**
웨일즈, 카디프, 공국 건설 협회에 위치. 1992년 제작. 크기: 1×13m(3×43ft). 이 야심찬 걸려있는 의뢰 작품은 아래에서 보았을 때 강력한 형태를 지니고 있다.

4 **"두려움을 모르는 계단"**
지나가는 엘리베이터에서 본 이 전경은 가까이에서 볼 수 있는 매우 뒤얽힌 복잡한 디테일을 보여준다.

4

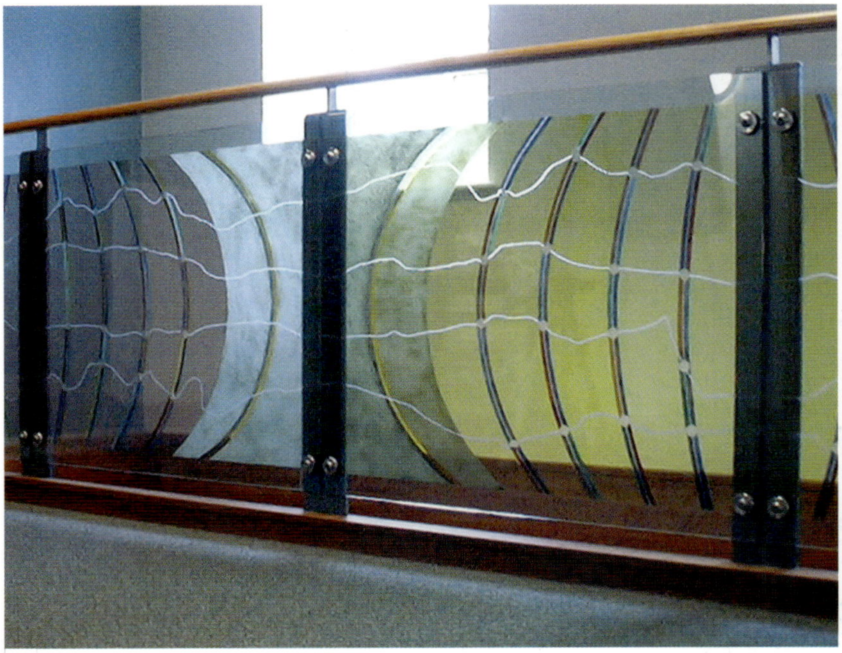

5

6

5 **"두려움을 모르는 계단"**
영국 Cirencester 소재. 2002년 제작. 이 아름다운 난간은 전형적으로 사각형의 난간 패널에 곡선의 형태를 도입한다.

6 **"Chaplaincy"**
영국 스윈던, Great Western 종합병원 소재. 2002년 제작. 이 디테일은 어떻게 두 개의 레이어로 작업을 했는지를 보여주고 있다.-이것은 부가적인 이미지들을 만들기 위해 뒤섞는 패턴들이다.

우도 젬복은 30년 동안 건축 유리 예술에 종사했다. 그는 스테인드글라스 작업을 한번도 한 적이 없다. 처음에는 합판 앤틱 유리로 작업을 해서 이제는 주로 슬럼프와 벤딩과 같은 부가적인 기술을 사용하면서, 에나멜과 다층의 착색안료와 광물의 첨가물이 있는 녹인 플로트 유리로 작업한다. 그는 더 넓은 건축적 작업에 가져오는 아이디어와 기술을 발전시키는데 도움을 주는 것에 이것들을 사용하면서, 그는 더 작은 예술 오브제들(그가 예술 갤러리에서 전시하는 두꺼운 유리"조각적" 작품들)을 가지고 실험한다.

스위스 장로교회의 일련의 9개의 창문의 이러한 시뮬레이션에서 우리는 발전하고 있는 매우 혁신적인 작업을 확인할 수 있다. 몇몇 패널들은 3.2m(10ft) 높이와 1.2m(4ft) 넓이인데 각각은 가마에서 두개의 레이어를 녹이기 이전에 유리위에 에나멜을 포함시키거나 스프레이작업이나 페인트 작업을 하여 에나멜들을 포함하고 있는 저산화철 "크리스탈" 유리로 된 두 개의 레이어들로 만들어진 것이다. 이러한 대규모의 창문들은 프랑스 스트라스부르그에 있는 유리 스튜디오의 도움으로 제작될 수 있었다. 프랑스의 북동쪽에 있는 은행 사무실에 대한 그의 작업에서 젬복은 주 오피스 파티션을 위한 일련의 비교적 단순한 패널들을 제작했다. 이 것들 앞에 그는 단일의 자체구조의 작업을 창조했다. 그것은 색에 있어서 이러한 부분의 중심에 있는 그가 창조했던 놀랄만한 움직임이다. 이것은 아마도 그 자신의 작품들을 제작하면서, 그 자신의 스튜디오에서 단지 정말로 예술가들에 의해 창조될 수 있는 일종의 작업의 특성이다. 그것은 어떠한 색이 작은 공간과 작은 열이 주어졌을 때 색이 어떻게 작용하는지에 대한 느낌을 발전시키면서 유리로 작업하는 결과이다.

Waldorf 학교에서 쓰이는 패널은 부분적인 칸막이를 만드는 반면 외부의 전경을 매우 고취시키고 있다. 유리의 색은 외관의 색과 함께 면밀하게 혼합되었다. 젬복은 대단한 작업을 성취하는데 필요한 정확한 양의 섬세한 터치를 할 수 있는 다듬어진 감각으로 색채작업을 하는 예술가이다.

1

1 **16세기 장로교회**
스위스 제네바 소재. 2005년 제작. 9개의 유리창은 각각 1.2m×3.2m(4×10ft)이다. 착색하여 구운 것을 포함시키는 녹인 플로트 유리와 에나멜로 칠한 표면을 지닌 것으로 된 이중 레이어이다. 에나멜들은 유리위에 에어브러쉬 작업이 되어 있다.

2

2 **Credit Mutuel Bank**
프랑스 Colmar 소재. 2003년 작. 크기: 2.6m×4.55m(8.5×15ft). 플로트 유리 위의 슬럼프 유리와 에어브러쉬 에나멜이 있는 단일의 예술 패널로 된 내부 독립벽이다.

3

3 **Wardorf 학교**
독일 프랑크푸르트 소재. 2002년작. 크기: 1.45m×3.5m(5×12ft). 플로트 유리위에 슬럼프와 에어브러쉬 에나멜 칠로 된 장식 패널.

사스키아 슐츠는 젊은 독일 예술가이다. 그리고 그녀의 작업은 분위기와 대기의 느낌을 주는 색띠를 대단히 많이 사용하는 것이다. 그리고 나서는 불규칙적인 유기적 패턴의 형태를 사용함으로써 색에 질감을 더한다. –여기에서 보여진 프로젝트에서는 그물망의 모티프이다.

이 유리의 모습은 독일 Wilhelmsdorf에 있는 영성회복센터 교회에서 위임한 것이다. 목적은 기도와 묵상과 때때로 있는 교회의 예배를 위해 디자인 된 공간에 몇몇의 프라이버시 공간을 만드는 것이다. 수직적인 색이 들어간 패널은 사람들이 안을 들여다보는 것을 막아주지만 안에 있는 사람이 내부에서 밖을 보는 것은 가능하게 해주는 부드럽지만 포함시키는 스크린을 만드는 방법을 보여주고 있다. 그 예술가는 질감과 두 번째 색을 몇몇 패널들에 부과시키는데 상상의 그물망을 사용했다.

각각의 패널은 단일의 칼라로 프린트 되었고, 이후에는 구움 처리시켰다. 그물망 구조는 일정 깊이로 모래분사 처리되었다. 그 그물망 형태는 그 후 계속해서 두 번째 에나멜 색으로 채워지고 유리는 한번 더 구움 처리되었다. 마침내 몇몇 패널에서 단어들이 첨가되고 기초색을 모래분사 처리했다.

그 패널들이 디자인되어서 그들은 다른 구성을 만들기 위해 트랙을 따라서 미끌어져 들어갈 수 있다. 패널들이 상대적으로 투명하게 나타난다고 하더라도 그것들은 건물 내부에서 매우 독립적인 공간을 만들어낸다. 그러나, 그것은 고요하고 평화로운 빛으로 충만한 공간을 만들어내는 부드럽고 대조적인 파스텔 색의 선택사항이다.

에나멜 유리의 조합과 이후 모래 분사나 산화 에칭들로 부분들을 제거하는 것은 슐츠의 상상에 완벽한 표현을 제공한다. 여기에서 스타일의 단순함 때문에, 그 작업은 작업할 만한 명백한 캔버스가 없는, 그리고 핵심이 전체 벽에 봉쇄되지 않는 곳 그러나 단순히 그것을 해석하는 곳인, 이러한 일시적인 이음매 없는 구조의 환경과 매우 잘 섞인다.

1

2

1 **"Kirche Am Weg"를 위한 유리 스크린**
독일 Wilhelmsdorf 소재. 2004년 제작. 건축가: Single & Weinbrenner. 스크린은 이 영성회복과 부흥센터의 교회당을 구조화한다.

2 **"Kirche Am Weg"**
유리는 한 가지 색으로 프린트되어있다. 디테일 그물망 패턴은 1.5mm(0.1in)깊이로 모래분사 처리되었다. 이러한 부조는 에나멜과 구움 처리된 패널들로 채워져 있다.

3 **"Kirche Am Weg"**
큰 패널들은 위 아래의 슬로트에 구움처리 되어 있는 것으로, 차가운 내부를 형성하는 것 만큼이나 공간의 몇몇 부분에 프라이버시를 창조하는 조정가능한 두 번째 유리면을 형성한다.

3

1

1 **AL FAISALIAH 센터**
사우디 아라비아 리야드 소재. 1992년 제작. 크기: 2000sqm(21,500sft).
건축가: 노만 포스터. 멀리서 보면 그 이미지는 거대하게 잘 자리잡은 도트로 프린트 되어 있는데, 이것은 유리위의 거대한 사진처럼 나타난다. 그러나 관찰자가 더 가까이 다가가면 그것은 아름답게 짜여져 있는 색깔들로 만들어진 추상적인 구성의 조각들로 급격히 파편화되고 있다.

2 **AL FAISALIAH 센터**
클라크는 세계에서 가장 넓은 이 스테인드글라스 창문을 디자인하기 위해서 건축가와 밀접하게 작업했는데, 그것은 약간 빛나는 색으로 진동하는 듯하다. 사우디 아라비아의 사막과 고전적인 형상의 아이콘들의 이미지들은 거대한 시각적 파노라마를 형성하고 있다.

25년 전에 브라이언 클라크는 이 매체를 변형시키고 그것을 세속적인 원형 경기장에 끌어들이도록 의뢰받은 극소수의 스테인드글라스 예술가 중 한명이었다. 이제는 어떤 사람도 스테인드글라스가 전혀 교회에만 쓰인다고 생각하지는 않는다. 클라크는 4-5명의 전설적인 독일 전후 예술가들로부터 그가 할 수 있는 모든 것을 배웠고 영국으로 그의 비전을 가져왔으며 이것을 이전에 교회적인 매개체에 사용되는 언어를 현대의 비종교적인 건물에 사용되는 언어로 변환시켰다. 1980년대와 1990년대에 클라크는 다양한 나라들에서 모두 납유리를 사용했고 스케일 면에서 1000sqm(108000sqft)이상의 많은 프로젝트들을 창조했다.

클라크가 비록 1981년과 같은 초창기에 그의 스테인드글라스 작업에서 스크린 프린트된 이미지들을 사용했더라도, 본격적으로 작업의 가능성을 탐구하기 시작한 것은 1990년대 후반이었다. 그 때 이후로 그는 거대한 계획을 많이 디자인 했다.

2

3

그런데 그것은 가장 거대하고(또한 그의 첫 번째 완벽하게 스크린 프린트된 작업)은 102페이지에서 보여진다. 사우디 아라비아에 있는 이 마천루의 진입 파사드에서 클라크는 그렇지 않았더라면 햇빛량이 엄청났을텐데, 햇빛을 감소시키는 것을 포함하여 다른 대상을 성취하기 위해, 건축가인 노만 포스터와 면밀하게 작업을 수행했다. 그 작업은 문화와 지형도 그리고 현지의 역사를 반영하는 이미지들로 채워져 있다. 그런데 그것은 조형 예술이 드문 세계의 한 지역에서 일상적이지 않은 작품을 만들었다.

계속해서 이 페이지에서 보여지는 사례에서처럼, 클라크는 비전을 현실로 전환시키는 지점의 작업을 계속했다. 그것은 건물 내부의 것에서 나오는 경험만큼이나, 색과 지형도를 건물의 유리창에 통합하는 것이 어떻게 외부 도시풍경에 그렇게 잘 첨가 될 수 있는지를 알 수 있는 상상력을 가지기 위한 것이었다.

4

3 **ASCOT 정면관람석**
영국 Berkshire 소재. 2007년 제작. 건축가: HOK Sport. 이러한 거대한 계획이 최종적으로 통합되는 결과를 가져올 수 있을까? 실제의 생활에서 그 작은 파사드 위로 빛나는 베일과 같이 느껴질 것이다.

4 **ASCOT 정면관람석**
내부에서 바라보면, 그 작업은 투명한 에나멜로 작용된다. 그래서 관람자들은 마치 나뭇잎 스크린을 통해서 보는 것과 마찬가지로 여전히 유리를 통해서 바라볼 수 있다.

5

6

7

5 **유리 언덕Glass Dune**
독일 함부르크 환경 건축부 소재. 1994년 제작. 건축가: Future Systems.
여기에 제안된 건물은 착색된 납유리의 거대한 영역으로 통합되어 있다.

6 **유리 언덕Glass Dune**
이 납유리로 된 전체 크기의 샘플은 예술과 건축을 통합하는 클라크의 감각을 보여준다. 일시적인 분열적인 형태들로 침범되면서 그 형태는 건물에 반복적으로 복사되어 단순하게 반복되고 있다.

7 **유리 언덕Glass Dune**
샘플의 디테일. 클라크가 이것을 오늘날에도 납유리로 만들까? 블로운 유리의 아름다움이 모든 장점과 에나멜로 만든 작업을 제작하는데 수고를 줄이는 것보다 가치가 있는 것일까?

8

9

8 북쪽 파사드인 West Winter 가든에 대한 제안
영국 런던 Canary Wharf, Heron Quays 소재. 2001년 제작. 건축가: 시저 펠리.
이 제안은 결국 받아들여지지 않았고 그것은 비극이었다. 건설비는 그다지 크지 않았을 것이고 아마도 반복된 이미지들은 누구도 인식하지 못한 가운데 사용될 수 있었을 것이다.

9 북쪽 파사드인 West Winter 가든에 대한 제안
에나멜, 심지어 투명한 에나멜이 블로운 유리보다 더욱 반사성이 강하기 때문에, 이 건물은 외부에서보다는 내부에서 보다 환상적으로 보였을 것이다.

그래이엄 존스는 근래 몇 년간 유리 예술가로서 강력한 영향력을 끼쳐왔다. 많은 예술가들은 존스가 유리로 무엇을 성취할 수 있는지를 보게 된다면 그들의 눈에 가능성의 완전히 새로운 영역을 열어주는 것과 관계되어 있다. 1980년대와 1990년대에, 그는 예외적으로 납유리를 가지고 작업을 했다. 그러나 10년 동안 작업하면서 그는 플로트 유리의 넓은 창유리 위에 에나멜 칼라를 사용하는 방법에 대해 터득했다.

스테인드글라스 예술가로서 존스는 산화 에칭과 페인팅의 기법을 사용하면서 항상 매체에 자유로운 접근방식을 가지고 있었다. 그러나 항상 이러한 공예예술과의 고정되지 않은 자연스럽고 역동적인 관계를 만들기 위해 노력했다. -몬드리안 보다는 잭슨 폴록에 더 가깝게 작업했다.

화가가 되고, 그리고 그 자신이 유리에 있어서 훌륭한 장인이 되어가면서, 존스는 처음에는 그의 유리 예술에 정당성을 부여하기 위해 플로트 유리에 에나멜작업을 하는 것에 대해 회의적이었다. 그러나 계속 작업하면서 그는 플로트 유리의 평평하고 활기없는 표면을 무언가 살아있고 역동적인 것으로 전환시킬 수 있는 기법을 사용할 수 있음을 깨달았다. 그가 칠하는 색은 프린트된 것이지만, 그의 독창적인 붓놀림이 에너지를 붙잡아 놓고 있는 듯하다. 블로운 유리조각들의 질감과 독특함을 항상 즐기면서 존스는 그가 플로트 유리에 질감을 만들어 낼 수 있음을 발견했다. 주요한 차이는 이제 그가 작은 붓놀림보다는 큰 비로 산에 저항하는 듯한 것에 더욱 표현의 중점을 두고 있다는 점이다. 그 스케일은 다르지만 효과는 동일하다.

이들 이미지들이 보여주는 바와 같이 존스는 그의 캔버스를 거대한 표현주의적인 예술작업으로 전환시키면서 주로 유리로 작업하는 화가이다. 그는 대단한 칼라 감각을 가지고 있으며, 그의 작업들에 역동적인 긴장감의 형태를 창조하기 위해 능동적으로 노력한다. 그렇지 않았더라면 그것들은 "실제의 생명력이 부족"했을 것이다.

1

1 **British Gas 컨퍼런스 룸** 영국 레딩 소재. 2002년 작. 크기: 유리 스크린 9×2.7m(30×ft). 내부에서의 전경. 투명하고 불투명한 에나멜색이 여러 색으로 스크린프린트 되어 있다.

2 **British Gas 컨퍼런스 룸** 긴 스크린으로 되어 있는 외부의 회랑 이미지는 존스가 전형적으로 유리의 표면을 활성화시키기 위해 산화 에칭유리와 모래분사유리를 사용하는 것을 보여준다.

2

3

4

3 **BAT**
영국 런던 대기업 본사 소재. 2001년작. 이 사무소의 매점의 식당 영역은 후면에 조명을 둔 패널들은 빨간색과 검은색과 표면에 접착시킨 요소들이 있는 특징있는 넓은 붓놀림이다.

4 **BAT**
이 사무실의 매점의 주요 식당 영역은 파란색의 붓칠로 장식되어 있다. 천장으로부터 슬라이딩 레일로 걸려있는 패널들은 위, 아래에 낮은 볼트의 조명으로 장식되어 있다.

5 **BAT**
이 디테일은 모든 구성에 기하학적인 형태를 덧붙여주는 슬럼프 유리의 사각형 모양을 보여준다. 그리고 또한 유리 표면에 질감과 조명을 준다.

5

6

7

8

6 **HOLMES PLACE 헬스 클럽**

영국 런던 Kenshington 소재. 1999년작. 크기: 7×7M. 이 평평한 벽은 스테인레스 스틸 부착물로 고정되어 있는 판형 유리로 제작되었고, 에나멜 칼라는 내부 표면에 스크린 프린트되어 있다.

7 **HOLMES PLACE 헬스 클럽**

같은 벽이 다른 면에서 보여지고 있다. 이것은 같은 작업이 주간의 시간과 빛의 조건과 같은 다양한 요인들에 의해 얼마나 다르게 나타날 수 있는가에 대해서 보여주고 있다.

8 **HOLMES PLACE 헬스 클럽**

계단에서 내려다보면서 찍은 이 사진은 유리가 어떻게 세부적으로 나타나는가를 보여주고 있다. 그것은 공간을 포함하고 있다. 그러나 그것은 다른 측면을 통해서 가시성을 허용하고 있다.

9

9 HOLMES PLACE 헬스 클럽
포르투갈 리스본 소재. 2001년 작. 이것은 두 번째 층의 위로 확장된 유리벽의 유리의 상부중 반만을 보여주는 것이다. 몇몇 영역은 특별히 풀장으로 통해 시야를 내다볼 수 있도록 투명하게 되어 있다.

10 HOLMES PLACE 헬스 클럽
이 사진은 물에서 반사되고 있으면서 실내에 부분적인 전경을 드러내는 칼라 이미지가 있는 풀장에서 본 전경을 보여주고 있다.

10

11

11 브리티시 텔레콤 국제 본사.
웨일즈 Oswestry 소재. 2001년작. 이 역동적이고 에너지로 충만한 스크린은 이 대기업 본사에 있는 리셉션 데스크 근처에 인접해 있다. 우리는 "캔버스"를 활기차게 하면서 유리에 특징있는 얼룩무늬로 되어있는 산화 에칭된 질감을 또 다시 확인할 수 있다.

12 CENTRICA 대기업 본사
영국 Windsor소재. 2004년작. 구움 처리한 에나멜 칼라는 스테인드글라스와는 다르게 빛을 감소시킬 수 있다. 이러한 전면에 빛나는 벽에 걸린 패널은 얼마나 잘 에나멜이 빛을 반사시키는데 사용될 수 있는지를 보여준다.

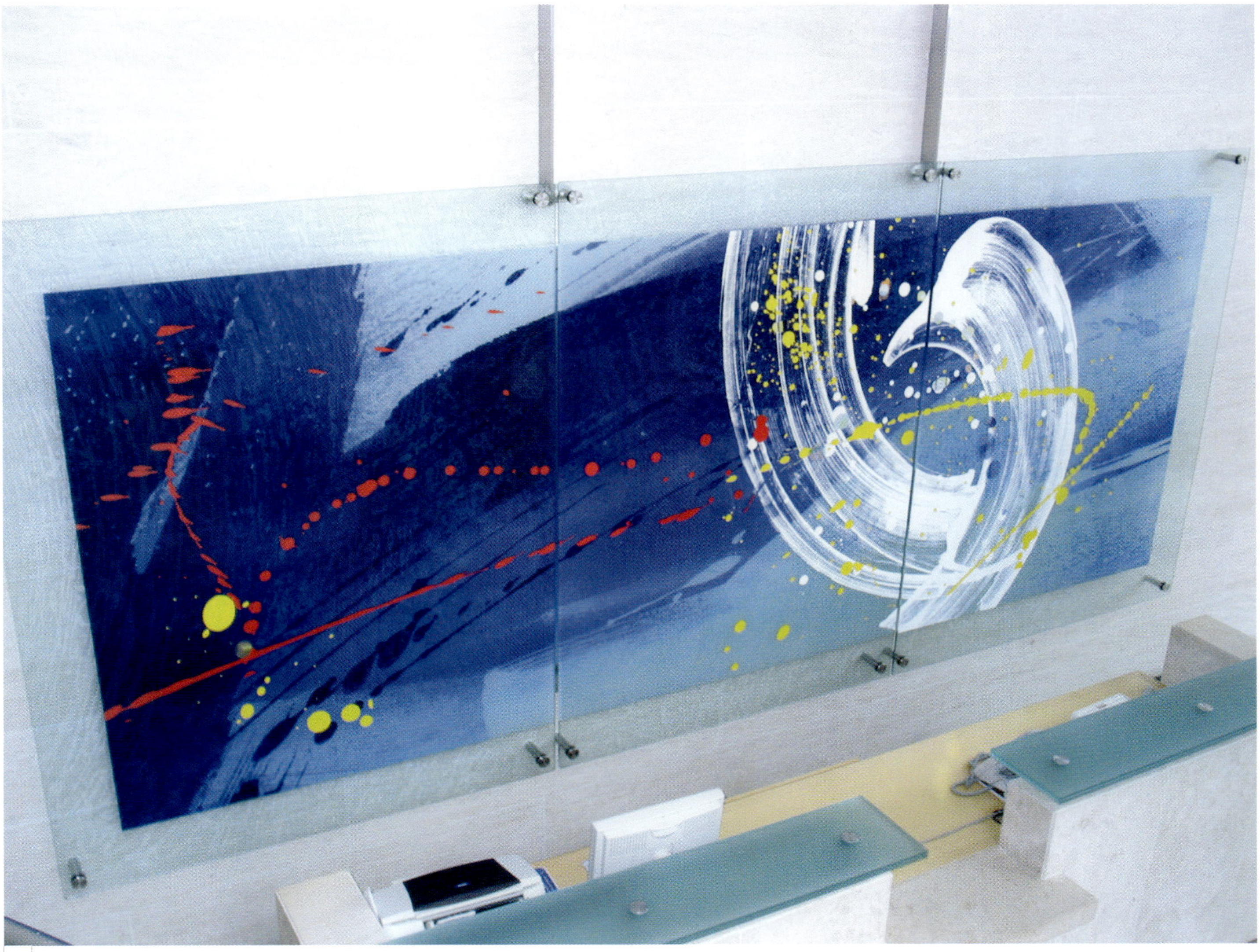

12

알렉산더 벨레첸코는 1980년대 초 이래로 영국에서 일류 유리예술가들 중 한명이었다. 그는 앤틱 납유리 사용을 멀리했던 초기 실험에 있어서 개척자였다. 그의 초기 작업들은 두개의 플로트 유리 레이어 사이에 있는 앤틱 유리를 두 겹으로 싸는 기술을 사용했다. 이것은 이점이 있다. 그러나 또한 결점도 있다. 그 패널들은 무거워지는 경향이 있으며 그것들은 시공함에 있어서 매우 주의를 요하며, 플로트 유리의 전면 창유리는 뒤의 작업을 어둡게 하여 감지하기 힘들게 하면서 거울과 같은 작용을 하기 쉽다.

벨레첸코는 항상 그자신의 스튜디오에서 유리조각들과 다른 종류의 안료와 송진, 다른 처리방법과 방식들을 사용하면서 실험을 해왔다. 그는 그것들이 또한 예술적으로 사용될 수 있는지를 알아보기 위해 산업적으로 사용되는 모든 과정들을 실험했으며, 매체를 다루는 새로운 사고와 새로운 방식을 계속해서 도입했다.

많은 건축 유리 예술가들은 그들의 디자인들이 사이트에 특별하다고 말할 것이다. 그럼에도 불구하고, 벨레첸코는 이것이 일상적이지 않게 진실된 사람들 중 한명이다. 그는 아무런 뚜렷한 스타일을 가지고 있지 않다. 그리고 그가 작가라는 사실을 알지 못한다면 그의 작업을 인식하기란 어려울 수도 있을 것이다. 각각의 프로젝트는 비교적 새로운 사고와 기술과 접근방식을 가져오고 있는 것으로 보이는데 그것은 그가 새로운 것을 시도함에 따라 뒤에 계속해서 버려질 수 있는 것이다.

이 페이지에 나오는 프로젝트들은 벨레첸코가 콘셉에 그의 스킬과 비젼에 해당되는 차원을 덧붙이는 작업을 부가하면서 건축실무그룹과 협력가운데 작업하고 있음을 보여준다. 반대편에 보이는 교회의 넓은 문은 어떻게 건축에 작용하는지에 대한 그의 이해정도를 보여준다. 이것은 유리에 페인트를 칠한 것이 아니다. 그것은 멀리서 보았을 때 느껴지는 질감과 색이다. 그러나 관찰자가 접근함에 따라 형상과 디테일이 드러나게 된다. Canary wharf 보행자 링크(114-115페이지 참조)에서 그는 반복적으로 작용하는 무언가를 한다. 그러나 무언가 특별히 사건으로 가득 차 있다.

1 **밀레니엄 브리지**
영국 Coventry 소재. 2003년 작. 건축가: MJP Architects.
총 798개의 휘어진 유리 '지느러미' 형태들은 이 새로운 다리에 난간을 형성한다. 그리고 철 구조물을 색과 빛의 섬세하고 꼬여있는 것으로 변형시킨다.

2

3

4

2 **HERZ JESUS KIRCHE**
독일 뮌헨 소재. 2001년 작. 225sqm(2400sqft). 건축가 : Allmann, Sattler, Wappner.
두개의 14m 높이(45ft)의 개방되는 문은 각각 한개 이상의 유리 레이어로 되어 있는 432개의 에나멜 이중 유리 패널들로 만들어졌다.

3 **HERZ JESUS KIRCHE**
못의 이미지들은 유리위의 질감과 텍스트를 창조시키기 위해 암호서기법적으로 사용되었다.

4 **HERZ JESUS KIRCHE**
이 극적인 전경은 거대한 문을 보여준다. 그 문은 환영하는 두 팔과 같이 내부의 휠에 의해 지지되는 것으로 회전하여 개방된다.

5

6

7

5 **CANARY WHARF 보행자 링크** 영국 런던 소재. 2001년작. 건축가: 시저 펠리. 세 개의 후면에서 빛나는 유리벽은 총 120sqm(1290sqft)이다. 각각의 패널은 1.2×1.4m (3.9×4.6ft)의 크기이다.

6 **CANARY WHARF 보행자 링크** 건축적 규칙성은 기초적인 형태와 계속적으로 변하는 색과 일시적인 불규칙성과 차이로 인해 대립적으로 느껴진다.

7 **CANARY WHARF 보행자 링크** 그 벽들은 벽 너머로 춤추는 듯한 물결을 만들어 내면서 수백 개의 칼라형태로 이루어져 있다.

스튜어트 레이드는 캐나다 토론토에서 거주하고 작업하는 예술가이자 건축가이다. 많은 경력중 무엇보다도 그는 Ontario 예술 디자인 대학의 디자인과 교수이다. 그는 수 년 동안 유리 예술가로 작업해왔다. 그 시기의 대부분을 전통적인 스테인드글라스 유리예술가로서 지냈다. 그럼에도 불구하고 여기에 제시된 최근 의뢰받은 세 작품은 몇몇 예술가들에게 있어서 납의 사용으로부터 벗어나 얼마나 자유롭게 표현될 수 있는지에 대해서 보여주고 있다. 그것은 마치 예술가가 갑자기 전적으로 창조적 자아의 새로운 차원과 접촉한 것과 마찬가지로, 이것은 아마도 전적으로 드러나는 것이지만, 유리라는 매개체를 통해서 표현을 적절하게 찾을 수 없었던 것이었다.

레이드의 21세기 결과물은 활기차고 자유롭고, 건축과 모던 도시환경의 구축 방식과 직면하고 있는 어휘 및 이슈와 더욱 심오하게 연결되어 있는 것이었다.

레이드의 호텔 리셉션 데스크 생김새를 보면 우리는 상상을 증폭시키는 아주 훌륭한 유리 스크린을 볼 수 있다. 그는 정말로 제한된 색채만을 사용해왔다.

그러나 각각이 진동하는 듯한 많은 색의 감각을 만들어 내면서 많은 다른 그라데이션 톤을 도입했다. 대조적인 파란색과 호박색은 매우 역동적이지만, 그 작품에 강력하게 표현된 기하학적인 요소들은 구조와 결합의 감각을 주고 있다. 전체적으로는 역동적인 도시 환경의 과밀한 에너지가 있는 가운데 럭셔리한 안락함과 평안함을 표현하고 있다.

클라이언트는 리셉션영역의 모습을 매우 좋아해서 그는 똑같은 작품을 레스토랑/바에 의뢰했다.(118페이지 참조) 또 다시 레이드는 단순한 기하학적인 수직선과 사각형 형태들로 작업한다. 그러나 이것 속에서 그는 미묘한 톤의 그라데이션으로 표현한다.

"모짜르트에 대한 존경"이 오스트리아 짤스부르그 의회 건물의 완전히 새로운 컨퍼런스 센터에 표현되어 있다. 여기에서 레이드의 작업은 건축의 합리주의에 본질적인 조미료를 첨가하는 역할을 수행하는 감각적 요소의 고전적인 사례가 되고 있다. 미니멀리즘적 형태가 예술작품의 아름다움을 고취시키는 아트 갤러리가 종종 순수주의의 하얀 박스인 것과 같은 방식으로, 건축적 예술의 순수한 작품이 현대 실내공간의 빈 자궁속으로 생명을 불어넣을 수 있다.

2

1 **"도시의 리본"**
캐나다 토론토 인터콘티넨탈 호텔 소재. 2003년 작. 크기: 6×3m(20×10ft). 리셉션 데스크 뒤에 있는 곡선의 후면에 빛이 비치는 장면에서 그 작업은 전적으로 플로트 유리위(두장의 두껍고 판형으로 됨)에 에나멜 화염처리된 것으로 제작되었다.

2 **"도시의 리본"**
같은 작업의 확대장면은 두개의 겹쳐진 유리의 레이어가 부가적인 색을 창조하는 방식을 보여준다.

4

5

3 **"액체 베일"**
캐나다 토론토 인터콘티넨탈 호텔 소재. 2003년작. 레이드의 두 번째 호텔 의뢰작품은 레스토랑/바에 있는 이 예술작업이다.

4 **"액체 베일"**
오스트리아 짤스부르그 짤스부르그 의회 소재. 2001년작. 새로운 컨퍼런스 센터에 위치한 그 작업은 에스컬레이터 옆으로 두층을 내려온다.

5 **"모차르트에 대한 경의"**
작업은 20장의 플로트 유리로 제작되었는데, 각각은 에나멜로 착색되고 에어브뤄시 작업된, 3×1m(10×3ft)의 크기이다.

6 **"모차르트에 대한 경의"**
그 의뢰작품은 모더니스트 환경에 특별히 "낭만적인 대조요소"로서 작용하도록 제안되었다.

6

1

2

1 **SAGE 센터**
영국 게이트헤드 소재. 2004년작. 건축가: 포스터 & 파트너스. 이 사진은 에나멜칠 된 곡선의 유리 난간이 건물의 휘어지는 구조를 강조하는 방식을 잘 보여준다.

2 **SAGE 센터**
그 색채는 깊고 투명한 에나멜 구움 처리되어 유리에 스며들어 있는데, 그것은 미니말리즘이 항상 필요로 하는 정확함으로 만들어져 있다.

케이트 매스트리의 작업은 요셉 알버스Josef Albers와 상호작용하는 칼라의 실험(피하는 질감, 이야기구조의 내용과 표현적인 암시 등) 이후에 뒤따라 작업을 했던 사람들의 전통가운데 존재한다.

이러한 의도와 관심의 순수성 때문에, 매스트리의 작업은 건축적 순수주의로서 자연스럽게 어필하게 했다. 그녀의 작업은 공간 내에 경쟁적인 리듬과 역동성 혹은 형태를 도입하고 있지는 않다. 그러나 이들 이미지들에서 볼 수 있는 바와 같이 디자인의 단순함은 건물에 의해 이미 만들어진 모양과 형태를 명료하게 설명하고 강조하는 것을 돕고 있다. 이러한 감각으로 보면, 매스트리는 고전적인 "건축 예술가"이다.

매스트리는 거의 노만 포스터사와 작업한 예술가 중에 선발후보자 명단에 들므로, 대단히 새로운 Tyneside 라이브뮤직 센터에 있는 100m길이(330ft)의 유리난간 작업에 당연하게 협력자로 작업했다.

그녀의 디자인은 대부분 미니멀적인 본성의 작업과 같이, 실무자에게 있어서 부분에서 확실한 신뢰를 필요로 한다. 그것은 거의 일어날 것 같아 보이지 않는다. 그 아이디어는 단순해 보이지만 그럼에도 불구하고 그 결과는 놀랄 만큼 잠재성이 있어 보일 수도 있다. 유리 제작자에게 있어서 이러한 종류의 디자인을 실현시킬 수 있는 기술적 요구사항은 유리가 디테일과 질감에 따라서 그리고 색체에 있어서 가장 적은 결점도 숨길 수 없는 극적인 것이다.

런던의 하노버 스퀘어Hanover Square에 있는 유리 캐노피(122페이지 참조)는 에나멜 유리가 쉽게 사용될 수 있는 고전적인 콘텍스트와 잘 어울린다. 그것은 건물의 정체성과 파사드 자체와 건물에 진입하고 나갈 때의 경험과 공간의 외부에 여분의 요소들을 덧붙이고 있다.

최종적으로, 개인주택(123페이지 참조)에 사용된 후면에 빛나는 패널에서 우리는 국내 콘텍스트에 있는 매스트리 작업의 고전적 사례를 확인할 수 있다. 많은 건축유리 예술가와는 달리 매스트리는 정기적으로 갤러리에서 전시를 하고 쉽게 벽에 걸 수 있는 자율적인 작품을 판매하고 있으며, 이미 작품가치를 인식하고 있는 소수에 의해 수집되고 있다.

3

4

3 4 **Sage 센터**
이 이미지들은 어떻게 디자인이 예속적으로 되거나 단순히 장식으로 되지 않으면서 건축을 조정하고 강화시키는데 도움을 주는지를 보여준다.

5 **하노버 가로**
영국 런던 소재. 2000년작. 크기: 4×1.5m(13×5ft). 투명한 유리 캐노피는 거친 에나멜 유리로 제작된 것으로 안전을 위해 합판 형태로 제작되었다.

6 **VAUXHALL BRIDGE ROAD**
영국 런던 소재. 2004년작. 크기: 13×1.8m(43×6ft).
거친 판형 에나멜 착색유리로 된 반투명 유리 캐노피이다. 따뜻한 색들은 이 진입구의 장면을 만들면서 멀리서 바라볼 수 있게 되어있다.

5

7

6

7 **ST JAMES'S 가로**
영국 런던 소재. 2001년작. 크기: 8×2.4m(26×8ft). 곡선유리 패널로 된 오피스 리셉션 장면이다. 그 작업은 밑 부분의 조명에 비치고 있다. 그러나 그 에나멜 조명은 그 안의 색을 완벽하게 보여주고 있다.

8 **개인 주거**
2004년작. 크기: 2.5×6m(8×20ft). 고전적인 케이트 매스트리의 작업: 따뜻한 색 계열의 스터디 작품으로 개인주거에 있는 키친 싱크대 뒤에 놓여있고 인공조명으로 되어 있다.

8

"합판 유리"라는 용어는 여기서 다른 층의 유리를 함께 부착시키는 과정을 언급하는 것이다. 이것은 다음의 내용을 포함할 수도 있다: 플로트 유리위에 UV-접착한 슬럼프 유리, 합판 제작된 이색성 유리 혹은 두개의 유리 레이어 사이의 상호교차하는 레이어로 작업한 것 등이다.

많은 유리 예술가들에게, 블로운 유리라는 독특한 재료(종종 "앤틱" 유리로 언급되곤 하는)는 건축 유리 예술을 창조하는 과정에 중심 역할을 하고 있다. 입으로 불어 만든 블로운 유리는 커다란 튜브와 같은 병을 불어 만들고 양쪽 면을 잘라내어 실린더 형태로 만든 후 평평한 유리면으로 만드는 것처럼, 1000년 전부터 만들어진 방식대로 여전히 제작되고 있다. 입으로 불어 만든 유리는 다양한 범위의 색과 매우 다른 질감으로 표현할 수 있다. 그것은 투명하거나 반투명하게 만들 수 있고 그것은 또한 깨끗하거나 혹은 유백광(乳白光)의 꽃병에 있는 색깔의 얇은 층으로 나올 수도 있는데, 그것은 이후 아름다운 그라데이션의 색을 만들어내면서 부식되어 닦아낼 수 있다.

스테인드글라스에 포함되어 있는 많은 부분들은 그들이 처음으로 경험을 늘리려고 보석과 같은 매개체로 작업하는데 헌신했던 첫 번째 앤틱 유리작품에서 도춰되었다.

플로트 유리 위에 앤틱 유리를 접착하는 과정은 납을 첨가하거나 납땜하는 과정보다도 더욱 시간이 소비되는 과정이다. 모든 유리작품은 모서리를 완벽하게 결합시키는 것을 확실히 하기 위해서 윤을 내야만 한다. 만약 형태가 복잡하면, 그 작품들은 완벽하게 조화되는 옆면으로 광을 내야만 한다.

납의 격자세공으로 함께 작품을 묶는 것보다 오히려 플로트 유리에 판형 앤틱 유리를 만드는 것의 이점은 색의 모든 아름다움을 존속시킬 수 있다는 점이다. 넓은 유리 패널은 모던 건물의 어휘로 통합시키는 이음매 없고 프레임 없는 유리벽으로 조립될 수 있다.

위 **판형 패널**
영국 런던 개인주택 소재. 2004년작. Yorgos Papadopolous 작품. 패널들은 녹색의 잔디의 배경과는 대조적으로 서있는 설치 작품 앞에 후면에 빛나는 콘텍스트에 그려져 있다. 이러한 기술의 역동적인 잠재성을 보여주면서 햇빛이 파편화된 모서리를 만들고 있다.

최상부 **MCGRAW HILL RECEPTION**
영국 런던 Canary Wharf 소재. 케이트 메스트리 작. 현혹시키는 단순한 후면에 빛나는 판형 장면으로서, 이 작품은 입으로 불어 만든 유리와 미묘한 색과 각각의 유리작품 안에 있는 독특한 조절양상의 내면적인 아름다움을 사용하고 있다.

위 **내부 패널**
영국 런던 개인주거 내에 위치. 2003년작. Stuart Low작. 이 아름답게 에칭된 패널은 표면에 부착된 여러 가지로 광택을 낸 앤틱 유리작품에 의해 생명력을 보여주고 있다.

우상 **"태양속으로"**
독일 Engenhahn 공동묘지 교회의 패널. 2005년작. 크기: 64×240cm(25×95ft). Guy Kemper작. 그 패널은 입으로 불어 만든 유리로 제작되었고 플로트 유리에 두개의 레이어로 판형제작되었다. 하나의 레이어는 은으로 얼룩을 준 단백석(蛋白石)의 평평한 층을 가진, 번쩍 번쩍 빛나는 녹색의 앤틱유리로 에칭되었다. 경사면은 후면의 플로트유리 위헤 판형유리화되었다. 미묘한 노란색과 녹색의 그라데이션 효과가 디테일에서 보여지고 있다.(위)

버트 글라우너는 전후 독일에서 성장하고 학업을 수행했다. 그러나 1960년대 초에 멕시코로 이주했다. 20년 동안 그는 여러 대형 회사에서 보석 디자이너로 작업을 했다. 그의 유리에 대한 가능성을 재발견한 것은 일반적인 사람들이 은퇴를 고려했었을 나이인 1980년대에 일어났다. 그 시기에 건축 유리 예술은 멕시코에서 거의 전무할 정도로 알려지지 않은 분야였다. 그래서 버트 글라우너는 이러한 새로운 매개체의 인식을 형성시키는데 도움을 주는 주요 인물로서의 역할을 수행해왔다. 그의 스튜디오는 국제 유리 예술가의 명사들이 작업하고 세미나를 개최하는 토대이다. 그리고 그는 갤러리와 뮤지엄에서 전시를 여는데 적극적으로 접촉하고 있다.

"Kubos(아래)"는 글라우너가 제작한 전형적으로 독창적인 작품이다. 그 작품은 규모가 큰 아파트의 진입 로비에 설치되어 있다. 크림색의 독립구조로 서있는 직립 석재의 벽은 4개의 유리 형태에 의해 투과되고 있어서, 각각 4면의 큐브 모양이 나타난다. 이 것들의 외부의 표면은 모래분사처리되었다. 내부에는 칼라 유리 조각으로 만들어진 작은 조각품들이 있다. 중심의 조명이 켜지면, 조각들의 왜곡된 이미지들이 외피에 투사된다. 그 이미지들이 투사되기 때문에 그것들은 관찰자가 이동함에 따라 움직이게 된다. 모든 경험은 흥미를 자아내는 것이다. 거기에는 형태들이 명확히 규정되지 않고 그 재료자체가 쉽게 부착되지 않기 때문에 신비로운 감정이 생긴다.

반대편에 보이는 사진의 아파트의 스크린과 외부 테라스 스크린은 전형적인 글라우너 작업이다. 유리의 구조는 투명과 반투명의 영역을 만들어내는 모래분사 유리를 가지고 있는 양쪽의 사례에서 합판 유리와 기초 구조적 유리를 포함하고 있다. 칼라유리와 다른 질감의 유리(경사진 유리와 가마에서 형성시킨 유리와 산업적으로 리드가 달린 유리를 포함하여)들이 접착되었다. 외부 테라스 스크린의 경우에 구성을 너무나 역동적으로 만드는 레이어들의 구축이다. 왜냐하면 햇빛이 유리와 함께 작용하면서 그 이미지들이 플로어에서 춤추고 낮 시간 동안에 변화하게 만들고 있다.

1 2 3 4

KUBOS
멕시코 멕시코시티 소재. 2003년작. 건축가: DA Architectos. 95×38×38cm(37×15×15in) 입으로 불은 유리와 내부의 조명이 있는 9mm(0.4in)의 유리로 제작되었다.

1

2

3

4

5

5 OPEN AIR 스크린
멕시코 Morelos. 개인주거 소재. 2000년작. 이 스크린은 넓은 그늘진 테라스의 한쪽면을 형성시킨다. 많은 다른 유형의 칼라와 질감을 가진 유리는 착색된 내부레이어가 있는 것으로, 기초 구조유리로 합판유리로 제작되어 있다.

6 내부 유리 스크린
멕시코 멕시코시티, 개인주거 소재. 2003년작. 거대한 스크린영역은 전체적으로 깨끗하게 보여진다. 따라서 욕망의 공간적 분할을 만들어내면서 반면 특정 각도에서 깨끗한 전경을 만들어 내고 있다.

6

페터 쿠케이는 프린트 작업과 오일 페인팅, 오브제 디자인, 그리고 또한 1990년대 중반 이래로 유리작업을 하고 있는 검증된 독일 예술가이다. 쿠케이는 독일과 미국에서 거주했고 그의 작품을 전세계에 전시했다. 2002년 이래로, 그의 미국 주거지는 플로리다주의 마이애미에 있었다. 쿠케이는 아래에 보여지는 랜드마크적인 공공예술 작업에 대한 믿음이 있는데, 이것은 다른 사람들이 유리 예술을 건축으로 통합시킬 수 있는 가능성을 확인할 수 있도록 용기를 북돋아주고 있다. 이 125sqm(1345sqft)의 작업은 4층 높이의 반원 타워의 외부 유리면을 구성하고 있는데, 이것은 새로운 사치스러운 아파트 건물의 중심부 장식이 되고 있다. 그 유리 예술은 멀리서 볼 수 있고 건물이 존재감을 나타내며 "예술의 장소"라는 이름을 확인시켜준다. 이 프로젝트는 주거 콘텍스트 내에서 심사숙고하여 만든 쿠케이의 첫 작업이다. 그리고 그의 클라이언트가 요구하여 대담한 독창성을 보여주고 있다.

쿠케이가 유리로 작업한 상대적으로 적은 작품들은 대부분 플로트유리에 합판 형태로 제작된 입으로 불어 만든 유리로 만든 것이다. 쿠케이에게 있어서 색의 빛나는 아름다움과 입으로 불어 만든 유리의 활기있는 질감은 다른 방법으로는 나타낼 수 없는 것이었다. 오일 페인팅을 하는 화가로서, 그 매체의 특성과 느낌은 그에게 매우 중요한 것이고 입으로 불어 만든 유리로 작업한 것은 그에게 오일로 회화를 그린 것과 같은 느낌을 주고 있다. 여기에서의 사진에서 우리는 프라이버시를 만들어주는 동시에 얼마나 쉽게 높은 수준의 투명성을 지닐 수 있는지 확인할 수 있다. 그것은 그가 그들에게 모든 구성의 통합적인 부분들을 만들어내는 외부 풍경에서의 색을 이용했던 쿠케이의 디자인에 대한 접근방식의 정교화에 대한 지표이다.

이러한 종류의 작업은 몇몇 스틸사진으로는 포착할 수 없는 것이다. 각각의 4개의 창문들은 하루 중 시간대와 계절, 기후, 그리고 보는 각도에 따라서 전적으로 다르게 보인다. 이러한 종류의 예술작업에서는 어떠한 것도 통계적으로 남을 수 없다. 그것은 하나의 의뢰 작품에서 포착가능한 매우 다른 경험이자 예술작업이 된다.

1

1 **예술의 장소**
미국 플로리다주 Fort Lauderdale 소재. 2005년작. 건축가: Shane Ames. 시행자: Azur International. 건물은 럭셔리한 아파트의 개발단지이다.

2

3

4

2 3 **예술의 장소**
그 건물은 4층으로 되어 있는데, 각각은 대략 1.15m×3m(4×10ft)로 된 9개의 패널들로 구성되어 있다. 실내에서 외부의 색(야자수나무의 녹색과 하늘의 푸른색)은 디자인의 일부를 형성한다.

4 **예술의 장소**
플로리다의 아침의 햇살가운데 블로운 유리는 바닥면에 빛나고 변화하는 색을 창조해낸다. 반투명의 유리는 안을 들여다보지 못하게 하면서 외관에 무언가를 표현하고 있다.

1

도로시 리니한은 디자인하면서 즉, 그녀의 작품들을 구축하는 가운데 즐기면서 작업하는 진정한 예술가이자 장인이다. 그녀는 회화와 그림을 그리며 성장했다. 그러나 그녀의 진정한 관심은 사물을 만드는데 있었다. 그 기간은 마침내 완벽한 재료를 발견했다고 느낀 유리작업을 했던 시기이다. 1983년에 리니한은 비범할 정도로 도전적이고 세부적인 납의 유형을 제작하면서, Narcissus Quaqliata (156-157페이지 참조)와 작업하기 위해 샌프란시스코로 이주했다. 후에 그녀는 넓게 녹여 만드는 그의 유리 작업을 도왔다.

Pacific Bell을 위해 만든 스크린(이 페이지에 보이는)은 양쪽 측면에서 모래분사 처리되고 산화에칭된 12mm(0.5in)의 저산화 강화유리로 제작되어 있다. 그리고 이후에는 입으로 불어 만든 유리의 잘려지고 산화에칭된 조각이 그 표면에 접착되었다. 그 유리는 양 쪽 면에서 작업되어서 그 이미지들은 서로가 교차되어 붙어있다. 스테인레스 스틸 구조요소들은 데니스 루드만에 의해 디자인 되었다. 그 유리는 유리의 양쪽 측면에서 작업하는 것을 포함하면서 Macy의 (반대면) 사용에 대한 "게이트"가 된다. 그리고 동등하게 매우 미니멀적인 구조와의 복잡한 핵심을 성취하는데 훌륭하게 수행되었다.

블로운 유리로 작업한 다른 많은 유리 예술가들과 같이, 리니한은 주로 칼라 종이의 꼴라쥬와 접고 풀로 붙이고 그리고 색칠을 사용하면서 디자인 한다. "나는 진실로 아름다운 색으로 작업하기를 좋아한다." 놀랄만하게 투명한 색이 블로운 유리로 작업되는 것을 성취시킬 수 있는 유일한 방법은 항상 플래쉬 유리이여서 나는 이후 내가 찾고자 하는 완벽한 톤에 색을 부여하기 위해 산을 사용할 수 있었다. 특별히 나를 위해 제작하고 이후 깨뜨려 연마시켜 "몇몇 조각들을 '돌'로 사용하는 것인 평평한 블로운 유리나 혹은 두꺼운 원형 착색유리와 같이, 블로운 유리를 통해 나오는 빛과 같이 아름다운 것은 없다.

1 PACIFIC BELL OFFICES
미국 샌프란시스코 소재. 1999년작. 저산화 유리 스크린의 세부 장면. 어떻게 유리의 양쪽 측면이 작업되었는가를 보여주고 있다.

2 PACIFIC BELL OFFICES
이 이미지는 전체 스크린을 보여준다. 이것은 모래분사유리 와 산화 에칭, 그리고 접착된 블로운 유리와의 조합을 만들고 있다.

2

3

4

3 **"보이지 않는 담장"** 미국 샌프란시스코, 매시의 Union Square에 위치. 2000년작. 이 게이트들은 몇몇 영역에서 만들어지는 상점을 허용한다. 반면, 윗 층의 레스토랑에 이르는 접근로를 만들어내고 있다. 개방되면 그 유리는 270도로 열려서 다른 유리벽의 일부가 된다.

4 **"보이지 않는 담장"** 이 세부사항은 플로트 유리 기초위에 에칭된 것에 경계를 담고 있는 산화 에칭되고 페인트 칠 된 블로운 유리를 보여준다.

웨일즈의 스완시Swansea에서 유리를 전공한 이후, 사치코 야마모토는 그녀의 경력을 늘리기 위해 일본으로 귀국했다. 스테인드글라스 예술가로 훈련받았음에도 불구하고, 그녀는 바닥부터 천장까지 이르는 거대한 크기의 패널을 제작하기를 원했다. 그녀는 항상 유리의 잘려진 구석이 빛에 노출될 때 나타나는 놀랄만한 효과를 좋아했고 결국 그녀는 다른 구석을 빛에 노출시키게 할 수 있는 한쪽 유리조각(단지 3mm, 0.1인치)을 접착시키는, 부드럽고 투명한 테이프를 발견했다. 이러한 방법으로 그녀는 클라이언트들에게 완전히 매력적인 경험을 하는 것이 가능하게 하는 것만큼이나, 그녀의 비전을 표현할 수 있는 완벽한 기술을 성취했다.

야마모토에게 작품을 의뢰하는 것은 정말로 자체적인 생활의 경험을 주게 만든다. 그 예술가는 패널들이 마침내 그들이 개입되어 속하여 설치되었을 때 결과가 드러나는 가운데, 그녀의 클라이언트들이 가능한 한 작업이 끝날 때까지 참여하는 경험으로서 포함시키기를 좋아한다.

1

2

1 **지구라는 계란**
일본, 하마마츄 위치. 2004년작. 건축가: 마사히토 나가타.
사진은 회사 본사의 진입로를 보여준다. 파란색과 녹색의 톤으로 되어 있는 단순한 패턴이 수천 개의 작은 유리조각들로 이루어져 있다. 그것은 기단부 쪽으로 어두운 파란색으로 되어 있다.

2 **MACHIDA 교회**
일본 도쿄 소재. 2001년작. 이 유리창의 9개의 패널들은 원래 교회에서 발견되었던 수천 개의 다른 톤으로 되어 있는 호박색의 유리 파편으로 되어 있다.-단순하고 자연광에 매우 대응적인 것이다.

3 **교회, 세이카쿠인 대학교**
일본 사이타마현 소재. 2004년작. 건축가: 히사오 코야모.
그 디테일은 어떻게 그 패널이 문자로 가득찬 작은 사각형의 칼라 유리로 구축되었는가를 보여주고 있는데, 이것들은 성경의 텍스트를 만들면서 학생들에게 유리디로 만들어져 있다.

4 **예배당**
이것은 8개의 프레임 없는 패널들이다. 이것들은 건물의 어휘에 적합하고 외부 유리의 스타일과 맞는 채널 위아래에 걸려있는 것은 일시적인 프레임 없는 "창문"을 만들고 있다.

3

우선 야마모토는 디자인을 준비하고, 이후 베이스가 되는 레이어 위에 작은 유리 조각들을 조립하고 부착하는 작업(클라이언트의 대부분은 학교나 교회)을 대부분을 수행한다. 어려움과 책임감 혹은 필요한 정밀함이 있던지 어떻든지 간에 많은 것들이 감지가능하다. 그럼에도 불구하고, 그러한 두려움이 드는 것은 많은 사람들에게 속해있는 예술을 창조하는 작업과정에 놓여있다.

유리가 우선 잘라지면, 그것은 실제로 파편화되거나 파괴되어 일직선을 따라 서게 되고, 그러나 구석에서 연마되지 않았다면 움직임을 가지고 그 자체에 생명력이 생기게 된다. 그러한 측면에 이러한 모든 유리파편들을 위치시킴으로써, 야마모토는 자연광에서 어렴풋이 빛나고 반짝이는 유리를 만들고 있다. 그래서 우리가 그것을 지나쳐 이동하면 그것들은 항상 반짝이고 있다. 이러한 그녀의 디자인 때문에 색의 사용에 있어서, 주요한 효과를 이룰 수 있는 유를 통해 통과하는 빛을 허용하면서 매우 단순하고 제한적인 것이 생긴다.

4

1

1 **엘리베이터 로비**
홍콩 파이낸셜 센터 소재. 2004년작.
이 거대한 후면 조명의 유리 장면은 8개의 개별적인 벽들로 제작되었는데, 각각은 42개의 손으로 채색하고 합판화 된 저산화 유리로 되어 있다.

2 **엘리베이터 로비**
건축작업에서의 방식과 종종 더 그렇게도, 그것은 청동으로 바닥을 댄 고정 장치가 의 세부장면으로 인테리어 디자이너가 디자인 한 것인데 그것은 이러한 강력한 전체적 효과를 창조하는 것을 돕고 있다.

2

홍콩 예술가 에디 챈은 슬럼프 유리와 융합유리로부터 회화와 송진으로 표현하는 적층 유리에 이르기까지, 거의 모든 방면의 유리 제작에 있어서 많은 기술을 보유하면서 사무소를 설립했다.

적층 유리의 과정이 최근 발전함에 따라, 재료들을 가지고 작업하는 새로운 효과들이 완전히 유용하게 성취될 수 있는 것이 가능하게 되었다. 건축분야에서 우리는 어떻게 "착색된 판형유리"가 널리 전파되게 되었는지를 확인할 수 있었다. 반면에 여기서 우리는 어떻게 스튜디오가 유리위에 착색하는 진보적인 기술을 사용할 수 있는지와 이후 두개의 유리 레이어 사이에서 영구적으로 그 효과를 줄 수 있도록 봉인하는 것의 진보적 기술을 사용하는지에 대해서 확인할 수 있다. 그 결과로 안전성의 이점과 손상으로부터 착색된 표면을 보호하는 효과를 가져오게 된다.

에디 챈은 인테리어에 포함되는 장식요소들을 만들기 위해 건축가들과 인테리어 디자이너들과 밀접하게 작업을 한다. 부가적으로 말하면, 그는 다른 디자이너들이 그들의 아이디어를 깨닳게 하는 것을 도와주고 선구자들에게 성취될 수 있는 것에 대해 자극을 주면서 새로운 기술을 가지고 계속적으로 실험을 하는 대단한 이노베이터이다. 중국인이지만, 챈은 그의 작업을 서구문명 혹은 유럽문명에서 더욱 훈련된 예술가들의 다른 미학적 시각으로부터 나온 작업으로 접근한다. 노란색과 빨간색, 금빛색은 서구 예술에서 이들 색깔을 우리가 비교적 덜 인식하고 있는지를 보여주면서 그의 본능적인 색채 조화의 중심부분을 차지한다.

아마도 챈의 기원이 스테인드글라스의 유럽전통과는 동떨어져 있는 것이기 때문에, 화염처리된 에나멜은 유리에 색을 집어넣는 데 있어서 그가 선호하는 방식은 아니다. 중국은 손으로 채색하는 오래된 전통과 뛰어난 스킬이 있는데, 그의 작업 중 많은 것들은 두개층의 유리 레이어 사이에 봉인되어 있는 유리 위에 특별한 송진 페인트를 사용했다. 모래 분사와 산화 에칭과 같은 부가적인 효과들은 종종 후에 아래에 보여지는 주거 스크린에서 보여지는 것과 같이 외부의 레이어에 첨가되었다.

3 **스크린**
홍콩 레갈리아 灣 개인주택 소재. 2004년작. 후면에 조명을 둔 스크린은 세 개의 패널로 구성되어 있는데, 각각은 1×2.5m(3×8ft)로 거울 앞에 걸려 있다.

3

1 **개인 수영장**
영국 런던소재. 2004년 작. 30mm(1.2 inch)깊이의 Lumitron이 LED조명 시스템을 중앙통제시키는 4개의 패널들은 후면에서 빛을 주고 있다.

대부분의 예술가들은 아주 독특한 스타일이 있거나 거의 그렇다. 그러나 젊은 사이프러스 출신의 예술가 요르고스 파파도풀로스는 스타일 이상의 무언가가 있다. 20대 중반에 그는 완전히 새롭고 독특한 기술을 개발했다. 1999년에 파파도풀로스는 런던의 저명한 왕립예술학교에서 2년 동안의 유리작업과 관련된 석사과정을 졸업했다. 그럼에도 불구하고 이미 그는 새로운 기술로 옮겨가서 다른 사람들의 관심을 받고 그가 옛날에 작업했던 작업에 의해 영향을 주고 있다.

유리는 변하기 쉽고 잠재적으로 깨지기 쉬운 매개체이다. 그것은 유감스럽게도 그 재료로 작업하는 사람들에게 흩뜨려지면서 깨지거나 격렬하게 폭파될 수 있다. 이러한 유리의 속성을 이점으로 사용하면서, 파파도풀로스는 작업을 실행하면서 특정 영역이 파편화된 연한 덩어리로 깨어질 때까지 항상 그의 패널의 거대한 부분을 망치로 깨는 것으로 시작한다. 이후 그는 통제된 혼돈을 재구축하는 프로세스를 시작하고 있다. 미리 면밀하게 계획된 형태 가운데, 유리의 파편화된 한쪽 레이어를 가지면서 그는 색으로 창조시켰던 빈 공간을 채우고 있다. 계속되는 어수선함을 깨끗이 하면서, 그는 이후 심각하게 방해하는 인테리어 요소를 지닌 삼중의 합판유리로 된 또 다른 신선한 유리 작품을 합판화시켰다. 그 결과로 그들에게는 파편화와 폭발할 듯한 긴장감과 성장과 움직임을 나타내는 자연적이고 유기적인 느낌을 주는 것으로 나타났다. 그의 색채는 정말로 제한적인 것처럼 보였다. 그 결과는 부인할 수 없는 아름다움으로 나타나고 있다.

파파도풀로스는 그의 기술에 안주하지 않고, 다양한 다른 사고를 가지고 있는 확실한 지식이 있는 세계로 그것들을 확장해야 한다는 신념이 있다. 이제 30대 초반인 그는 무언가 새로운 쪽으로 마음이 움직이고 있다. 기술은 단지 목적을 위한 수단이다. 예술은 기술에 의해 창조되는 것이 아니다. 그리고 파파도풀로스는 예술가의 창조성과 기술과 공예와의 상상력 넘치게 사용할 수 있는 비범한 조합의 능력을 증명했다.

1

2

2 **"작은 숲"**
영국 런던 Canary Wharf 소재. 2005년작. 올리브 나무를 상징하는 것에 기초한 설치물. 그 패널들은 파편화된 전체의 부분이 되는 것처럼 보이는 무언가 다른 조각들이 있는 미궁과 같은 것을 창조하고 있다.

3 4 **"작은 숲"**
이 세부 이미지들은 유리의 파편화를 보여주고 있으며, 색들이 교묘하게 파편내부에 봉해진 방식을 보여주고 있다. 중심은 더 어둡고 바깥쪽으로 유기적인 쪽으로 움직이면서 거의 기하학적인 형태이고 통제된 회화보다는 얼룩이나 결점에 더욱 가깝다.

3

4

크리스 우드는 원래 가구 디자인을 전공하였다. 그러나 빛에 대한 관심이 그녀를 물리적, 시각적 유리의 특성을 탐구하도록 이끌었다. 그녀는 이후 영국의 왕립 예술대학RCA에서 유리를 공부하기 위해 유학길에 올랐는데, 그곳에서 그녀는 빛과 공간과 관련하여 대규모의 프로젝트에 참여하여 작업을 수행했다. RCA를 졸업하고 나서 그녀는 한동안 영국에 기반을 둔 유리 조각가 대니 레인Danny Lane을 위해 일련의 설치작품을 기획하면서, 프로젝트 매니저로 작업을 했다.

우드는 전시를 위해 실험적인 설치작품작업을 했다. 이러한 실험적인 접근방식은 그녀의 시각적 어휘와 빛에 대한 이해 그리고 유리와의 상호작용을 더 발전시키면서 실무에 있어서 중요한 리스트가 되고 있다. 이러한 것에 의해 정보를 받아 그녀는 또한 실내와 건축적 상황을 위한 의뢰를 위한 작품을 만들고 있다. 그녀의 작업의 뚜렷한 면모는 물리적인 단순함인데, 그것은 그것의 시각적 복합성과는 대조적인 것이다. 우드는 그녀의 작업과 관련해서는 매우 집중된 아이디어와 목적을 가지

1

2

1 **SACKVILLE 주택**
영국 캠브리지 근처 소재. 2004년작. 걸려있는 이 장면은 48개의 패널들을 보여주고 있다. 태양광의 각도에 따라서 흰색의 배경벽에 모든 방향으로 빛을 투사하는 여러 가지 칼라로 되어 있는 이색성의 유리로 되어 있다.

2 **SACKVILLE 주택**
이 타원형의 걸려있는 모습은 가장 넓은 쪽이 3.2m(10ft)의 크기로, 현지의 작은 행정 오피스 빌딩과 헬스센터로 쓰이는 건물의 중심 아트리움에 걸려있다.

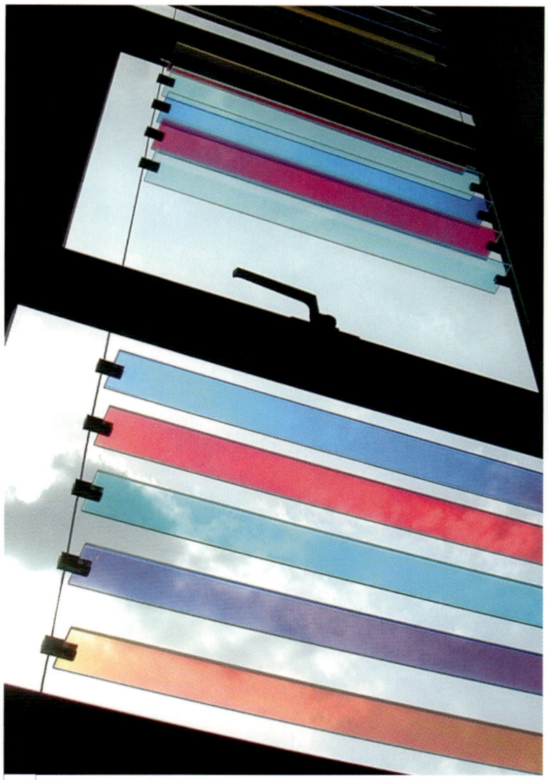
3

4

5

6

3 4 5 6

"빛의 사다리"
영국 캠브리지 근처 Papworth 종합병원 소재. 2003년작. 이 장면은 그 종합병원의 새로운 증축부분의 계단실에 있는 거대한 빈 공간의 벽에 디자인 되었다. 제한된 예산에서 의뢰가 들어왔기 때문에, 그 작업은 이색성의 유리로 되어 있는 지지되는 패널들로 이루어져 있는 단순한 구조로 되어 있는데, 그것은 자연광이나 인공조명에 의해 빛을 받으면 변화하는 기하학적인 형태의 칼라 빛을 반대편의 인접한 벽에 투사한다.

고 있다.

이 페이지에서 보여지는 프로젝트들은 현재 키네틱적인 특성 때문에 유리 예술가들에 의해 널리 사용되고 있는 이색성(二色性)의 유리를 보여주고 있다. 이색성의 유리는 기술하기가 쉽지 않다. 그것은 두 가지 색, 하나는 투명하고 다른 하나는 반사적인 빛을 발한다. 반대편에는 칼라 스펙트럼으로 되어있다. 그 유리는 더 높은 빛이 나오게 되는 곳에 따라서, 파란색의 반사모드로 빛을 투과하여 전도할 수도 있다.

이색성의 유리는 비싸지만, 다양하게 많은 색으로 구매가 가능하다. 빛을 발하는 색깔은 매우 순수하고 역동적이다.

우드는 복합적이고 변화하는 빛의 패턴을 만들기 위해 자연적이거나 혹은 투사된 빛으로 상호작용하는 순수하고 단순한 유리의 배열을 지지하는 미니멀리스트적인 구조를 창조하고 있는데, 이것들은 관찰자와 광원의 변화하는 질의 이동하는 위치에 따라서 만들면서 관찰자에게 직접적으로 시각적인 키네틱한 것을 끌어들이고 있다.

JOSÉ FERNÁNDEZ CASTRILLO 호세 페르난데스 카스트릴로

1

스페인 예술가 호세 페르난데스 카스트릴로는 어떤 예술가가 한 것과도 같지 않은 자신의 유리 디자인을 현실화시키는 방법론을 개발하고 발전시켜왔다. 그는 이 정도의 정확함과 예술상의 기교를 개발한 것은 말할 것도 없고, 누구도 이전에 시도하지 않았던 기계를 세련되게 만들면서, CNC(컴퓨터 제어의computer-controlled)라는 기술을 발전시켜왔다.

그의 패널들은 확실히 일회성의 예술작업이 되는 기묘한 대조를 구체화한다. 그럼에도 불구하고, 많은 구성요소의 일부분을 만들어내는 디지털적으로 통제되는 기계화에 의해 성취될 수 있는 정교한 수준을 지니고 있다.

많은 예술가들처럼, 카스트릴로는 1970년대 후반에 납유리 패널을 만드는 것으로 경력을 시작했다. 그는 "dalle de verre"(콘크리트에 묻혀져 있는 유리알)로 관심을 이동했다. 그리고 플로트 유리로 만든 미니멀리스트적인 섬세한 패널을 만드는 것으로 결론이 났다. 아트 갤러리 상에서 그의 작업을 전시하는 의뢰 때문에 그는 후면의 조명을 필요로 하지 않는 자율적인 독립구조의 작품과 쉽게 갤러리에 수장될 수 있고 모든 방향에서 볼 수 있으며, 걸어다니면서 고르고 집에 가져갈 수 있는 작품을 만드는 방법을 개발하도록 강요받았다. 기초적인 재료는 한 장의 평평한 플로트유리였는데, 그것을 그는 단순하지만 고상한 "다리"로 디자인 했다. 이러한 패널들 위로 종종 80×80cm(32×32in) 크기인데 그는 페인트칠하고 모래분사처리 하고 산화에칭하고 사물들을 접착하는 방법을 쓸 수 있었다. 이러한 방법은 그 작품에 미니멀리스트적인 회화의 느낌을 주면서, 그의 작업에 단순함을 가져오게 만들었다. 따라서 몇 년에 걸쳐서, 그는 그의 계속되는 예술어휘에 통합되어왔던 기술을 개발했다.

카스트릴로는 적어도 20년 동안 건물의 창문과 파티션 스크린을 만들어왔다. 그것들은 미니멀리즘과 에너지의 조합을 구체화시키는 미덕을 가진, 매우 건축적 작품이다.

그의 작업들 중 몇몇은 매우 다채로운 색을 가지고 있으며 다른 것들은 전혀 색이 없다. 그러나 그것들은 모두 완전히 입체감이 있고 감각적인 느낌이 있는 것이다. 그곳에 유리가 그렇게 완벽하게 부드럽고 정렬되어 있기 때문에, 그것은 감촉을 느낄 수 있도록 요구되는 것처럼 보인다.

1 **RIU (RIVER)**
스페인, Terragona, Xerta 소재. 2004년작. 크기: 6.6×2.4m(22×8ft). 이 스크린은 카스트릴로 작업의 고전적 예시이다. 그의 프로젝트들은 종종 역동성과 고요함의 흥미로운 혼합을 이루고 있다.

2

3

2 **RAIG X(X레이)**
스페인 바르셀로나 소재. 1997년작. 병원 클리닉을 위해 만든 패널에 있는 이 디테일은 3차원적인 작업의 느낌을 준다. 모양을 지니고 있는 작품을 연마하여 완벽히 평행한 선을 만들면서 깨끗한 매트의 표면을 혼합으로 되어 있는 다른 독특한 옆면을 만들고 있다.

3 **돌진RUSHES**
영국 캔터베리, 개인주거내 소재. 2003년작. 크기: 3.2×2.4m(10×8ft). 이 모노톤의 스크린은 350kg의 무게로, 단일의 유리패널로 설치되었다. 태양이 바닥과 벽에 색을 굴절시키면서 아침과 저녁에 드리운다.

4 **CONCEPTO ESPACIAL(공간의 콘셉)**
스페인 바르셀로나 Terrassa소재. 2003년작. 크기: 2.1m×2.1m(7×7ft) 이 패널의 디테일은 섬세하게 자리를 잡게 되는 작은 요소들 속의 다른 색뿐만 아니라, 카스트릴로가 만들 수 있는 다른 옆면의 다양함을 보여주고 있다.

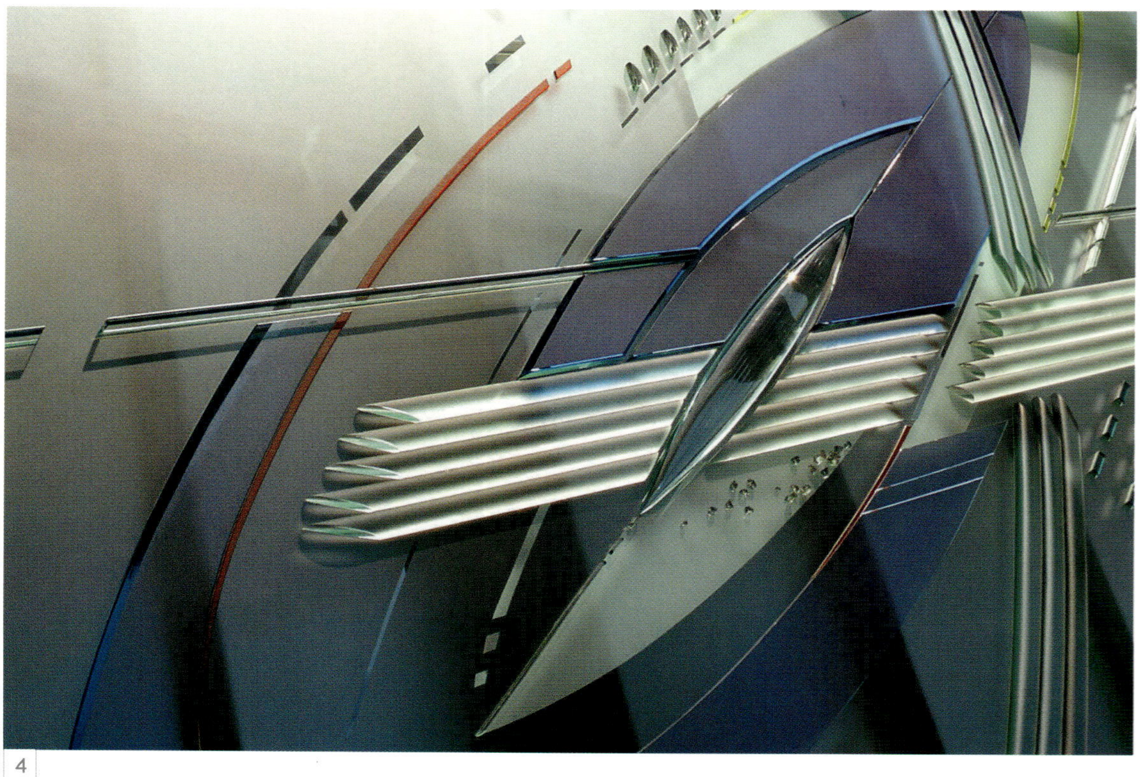

4

5

5 **ENCUENTRO ENTROPICO(엔트로피적인 만남)**
스페인 바르셀로나 Allella 소재. 개인 주거. 1999년작. 크기: 5.2×4.5m(17×15ft). 이것은 개인 주택 내 설치되어 있는 계단실의 일부를 보여주고 있다. 그 작품은 코너를 둘러가며 외부 유리로 된 5개의 패널로 구성되어 있다.

톰 패티는 35년 동안 유리작업을 해왔다. 뉴욕 프랫 대학원에서 산업디자인과 건축 이론을 전공하고 패티는 1960년대 E.A.T(Experiment in Art & Technology)와 관련을 맺게 되는데, 이것은 아티스트와 엔지니어사이에서 협력을 증진시키기 위해 로버트 라우첸버그와 공동설립한 프로젝트이다. 패티는 계속적으로 대규모의 건축적 의뢰작품을 수행하는 것뿐만 아니라 갤러리에서의 전시를 위한 작은 규모의 오브제를 만드는 등의, 유리로 작업하는 기술적 경계와 관련되어 있었다. 그의 모든 작업은 자신의 스튜디오에서 제작되었는데 거기에서 그는 창조와 제작의 매 단계에 관련되어 있었다.

패티가 가장 최근 완성시킨 프로젝트들은 맨하탄의 Lower West Side에 있는 아파트 복합건물에 있는 원형 아트리움 위로 지지되는 일련의 5개의 직립석재와 같은 패널들을 포함하고 있다. 그 패널들은 고창층 밑으로 힌지로 되어있는 브라켓bracket으로 지지되어 있고, 자연조명과 인공조명을 혼합하여 조명을 하고 있다.

패턴이 있는 유리의 다른 레이어들을 혼합시키고 자름으로써, 패티는 질감을 작품에 첨가하고 사각형모양의 유리와 플라스틱을 사용하는 형태를 만들어내고 있다. 따라서 그 작업은 관찰자가 움직임이나 혹은 조명이 움직임에 따라 색이 변한다. 밑에 있는 사진에서 우리는 패널의 주요영역들을 보라색과 옅은 파란색으로 인식할 수 있다. 반면에 반대편의 사진에서 같은 영역들은 각각 크림색과 보라색이다. 패티의 유리작업의 미덕 중 한 가지는 바닥과 유리 바로 밑, 그리고 반대편의 벽에 나타나는 굉장한 색깔의 패턴을 만들어내는 방식이다.

뉴욕, Queens에 있는 그 유리의 장면(146-147페이지 참조)은 패티와 폭스Patti and Fox & Fowle Architects와의 협력작업이다. 건축과 예술사이에는 언어의 모순이 없기 때문에, 착색이 들어간 형태의 효과는 건축과 유리와 실내공간의 경험과 도시풍경을 풍부하게 만든다.

1 **빛의 모니터**
미국 뉴욕 Greenwich Village, Morton 광장 소재. 시각의 각도에 따라, 5개의 유리 패널들은 특별한 색으로 나타난다.

2 **빛의 모니터**
5개의 패널들은 각각이 대략 1×3m(3×10ft)로서, 형태와 색의 배열을 만들기 위해 함께 합판화되어 있는 구조적 유리와 질감이 있는 유리와 색깔이 있는 플라스틱으로 구성되어 있다.

1

3

4

3 **통로 2004** 미국 뉴욕시, 루스벨트/74번지 역 소재. 2004년작. 크기: 18×3.5m. 이 외부 이미지는 얼어붙은 순간이다. 그러나 일상에서 그 작업은 빛과 관찰자의 움직임에 따라 색이 변화한다.

4 **통로 2004** 이 디테일은 어떻게 뼈대를 두른 질감이 유리의 표면의 흥미를 더욱 더하게 만드는지를 보여주고 있다. 다른 각도의 유리에 의해 야기되는 색깔은 서로가 상호작용을 한다.

5

6

5 **통로 2004** 이 내부전경은 비교적 형식적인 디자인 패턴(역사 건축으로 감정적이고 잘 통합된)을 보여준다.

6 **SPECTRAL-LUMA 타원** 미국 보스톤 조형 예술 뮤지엄 소재. 2000년작. 크기: 6×3m(20×10ft). 뮤지엄의 Gund Gallery로 향하는 이 유리 진입로는 특별하게 제조된 필름을 사용하면서 창조되었는데, 그것은 빛이 그 표면을 비침에 따라 다른 방식으로 응답하게 된다.

위. **외부 의자의 모습**
영국 런던 Broadgate 소재. 2003년작. 크기: 90×50cm(35×20in) 건축가: SOM.
밝은 색의 연마된 테두리가 있는 질감이 있는 유리 패널이 바닥으로부터 솟아올라 있다. 각각의 패널은 13cm(5in) 두께이고 130kg의 무게가 나간다.

슬럼프 유리는 여전히 사람들에게 경외심을 일으키게 하는 잠재성을 가지고 있다. 아마도 몰드 위로 플로트 유리를 가열하는 과정 때문에 갑자기 총체적으로 인공적이고 제조된 생산물이 놀랄정도로 유기적으로 보이면서 메카니즘적이지 않게 되었다.

그럼에도 불구하고, 많은 슬럼프 유리 공장들은 제작물을 가능한 한 동일하게 만들기 위해 작업하기 때문에 그 재료는 카탈로그에서 요구된 사이즈로 가져올 수 있다.

슬럼프 유리는 다양한 방법으로 착색시킬 수 있다. 에나멜이 유리에 굽는 처리되는 최적의 온도가 중대하게 슬럼프 유리를 만들기 위해 필요한 것보다 낮은 것에 대한 최소한의 어려움이 있더라도, 다른 방법을 사용하면서 에나멜 칠을 할 수 있다. 따라서 칼라는 예측할 수 없는 방식으로 만들어질 수 있다. 그것은 또한 질감이 만들어진 이후에 유리를 모래분사시키고 착색시키거나 유리위에 에어브러쉬 할 수 있는 투명한 색을 사용함으로써 차가운 색을 써서 착색시킬 수 있다.

용융유리는 여러 개의 유리 레이어를 더 높은 온도로 가열하는 것을 포함시키는 또 다른 과정으로 거기에서 그 유리는 충분히 녹아서 함께 용융될 수 있다. 착색유리는 특별히 함께 용융될 수 있도록 병립될 수 있도록 특별히 제작된 것으로 이용가능하다.

재료로서 유리는 질감과 결점과 부수적인 사건이 부족한 동의어가 되었다. 그 재료는 어느 면에서 완벽한 부재의 느낌이 된다. 어떠한 것도 발생하지 않는다. 그리고 빛은 방해받지 않으면서 통과할 수 있다. -대부분 자연적이지 못한 생산물이다. 그러나 슬럼프 유리는 수세기에 걸쳐 바다에 의해 씻겨졌던 것과 비슷하다. 그리고 빛을 잡아두고 모든 종류의 갈라진 틈과 파동속에서 형태를 만들기 위한 광택을 허용하는 더욱 울퉁불퉁한 표면으로 침식되었다.

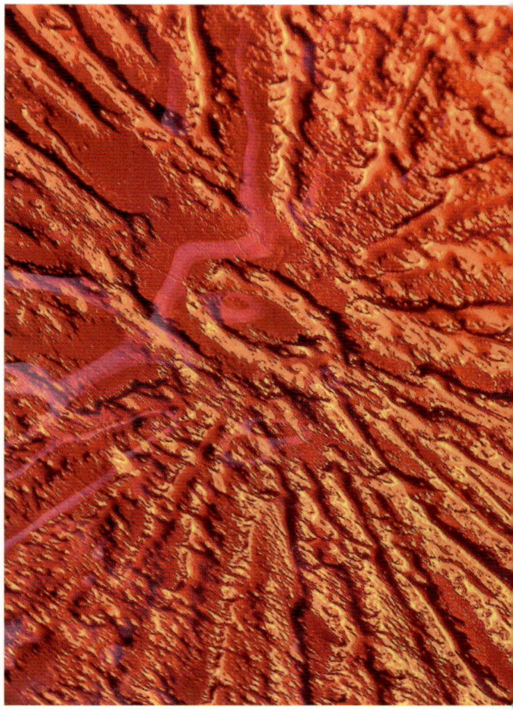

좌상. **PRESIDENTIAL RESIDENCE 유대교 회당**
이스라엘 예루살렘 소재. 2002년작. 미라 메이어Mira Maylor 제작. 세 개의 유리창은 백열광의 조명의 강력한 밝은 분위기를 만들어내면서 차가운 송진 색으로 모래분사 처리를 하고 손으로 페인트칠한 질감이 있는 유리벽을 만들었다.

위. **"샘Fountain 벽"**
미국 샌프란시스코 개인주거의 정원 소재. 1997년작. 존 루이스John Lewis 제작. 이 유리블록들은 30mm(1.5in) 두께로 캘리포니아의 유리 예술가에 의해 주물로 제작되었다. 녹여진 유리는 거친 돌과 일치하는 질감을 창조하면서 흑연의 몰드에 부어졌다.

우상. **"오존 디스크"**
2000년작. 슬럼프 유리로 만든 이 디테일은 다른 반사정도와 색조의 변화를 만들면서, 질감이 있는 유리에 접착되는 두 부분의 투명 착색유리를 보여준다.

1

1 ST CANISIUS 교회
독일 Freiburg 소재. 1977년작. 용융시켜 캐스트 시킴. 에나멜 유리(대부분의 유리 예술가들이 이러한 것을 하기를 생각하기 20년 전이다. 이 패널들로 인해 그 예술가는 Max Bill로부터 "Exempla-Preis 뮌헨 1977"을 수여받았다.

독일 예술가 플로리안 레크너는 현재의 많은 실무예술가들이 태어나기 이전부터 슬럼프 유리 및 용융유리와 주물유리작업을 해오고 있다. 위의 그림은 프라이부르크 Freiburg에 있는 그의 가장 우수한 주요작품을 보여주고 있다: 에나멜 칼라가 있는 25mm(1-in) 두께의 울퉁불퉁한 질감있는 유리 패널들이다.

그의 첫 번째 거대하게 걸려있는 유리 조각, 거대한 유리 샹들리에는 여기에서는 나와있지 않지만 1974년에 Regensburg에서 설치되었었다. 32개의 용융유리 및 슬럼프 유리 요소들로 제작되어 그것은 그러한 종류가 설치되었던 가장 큰 사물이다. 1982년에 레크너는 거대한 8각형의 유리샘을 뮌헨에 설치했는데, 그것은 거의 7m(23ft)높이로 판형으로 되고 구멍이 뚫려진 슬럼프 유리와 용융 유리로 된 세 개 레이어로 만들어졌다. 그 작업은 레크너에 의해 고안되었던 특별한 기술(Frauhofer 대학에서 시험되고 후에 특허를 얻었다)을 사용했다. 레크너는 삼년동안 Kassel에서 회화를 공부했고 파리에서 조각과 회화를 공부했다. 그리고 1960년대 중반에 그는 3년 동안 예술과 산업유리 제작에 대해 특별히 연구를 하였다. 그러한 광대한 연구의 배경과 지적인 개발로 인해 그가 처음부터 개척자가 되었던 것이 그다지 놀랄만한 일은 아닌 것으로, 항상 그 매개체가 이전에 인식되던 경계를 넘어서 수행할 수 있도록 했다.

유리를 걸려있는 조각적 매개체로 사용하는 것은 항상 도전적이다. 유리는 무겁고 어느면에서는 깨지기 쉽고 그리고 잠재적으로는 위험하기도 하다.

2

2 뮌헨 RE 보험회사
영국 런던 본사 소재. 1988년작. 저명한 런던 오피스의 에나멜로 칠한 영역이 있는 바닥에서 천장 높이의 오피스 파티션.

3 뮌헨 공항에 있는 예배당
독일. 1989/90년 제작. 차장의 동작과 비슷한 움직임을 보여주는 창문 디테일.

어려움은 부착물을 디자인 하는 것이어서 메탈소재는 유리를 압도하거나 매력을 떨어뜨리지는 않는다. 독특한 디자인들을 창조하는 예술가들은 대규모의 예산이 없이도 종종 이렇게 매우 도전적인 양상을 발견한다. 우리는 Weiden과 Rouen에서의 조각(152페이지 참조)으로부터 얼마나 성공적으로 레크너 자신의 개인적으로 시작한 방식이 그러한 문제들을 해결했는지에 대해서 이러한 것들을 확인할 수 있다. Renato Santarossa의 작업과 같이(160-161페이지 참조), 레크너의 디자인은 주로 형태와 질감과 혼합성분을 첨가시키는 색과 관련된 것이다. 그러나, 최근에 Wunsiedel에 있는 그의 유리 모빌에서 보여지는 바와 같이, 그는 그의 예술의 중심부분으로서 칼라의 사용을 탐구해왔다.

3

4

5

6

4 **프리즘이 있는 기둥**
독일 Weiden 의회 센터. 1992년. 건축가: BDA/DWB
이 비범할 정도로 아름다운 작품은 완전히 건축의 스타일과 어휘와 함께 섞여 들어가고 있다.

5 6 **유리-빛 기둥**
프랑스 Rouen 소재. 1995년작. 11m(36ft) 높이. 건축가: Yves Couloume.
36개의 유리 프리즘으로 제작된 이 조각은 Rouen의 중심에 세워져 있다.

7

8

7 **유리, 빛의 게임**
독일 Wunsiedel 소재. 2003년작. 3.4m(11ft)높이. 이것은 밤 시간대에 회전하는 조각을 보여준다. 색깔이 각각이 혼합되면서 변하고 그들의 축으로 돈다.

8 **유리, 빛의 게임**
그 조각은 전적으로 색과 움직임에 기초를 두고 있다. 그러나 유리 그 자체의 모양과 질감에 있어서 전혀 움직임이 없다.

원래 태생자체는 프랑스이지만, 티에리 브아셀은 15년 이상을 뮌헨에서 거주하면서 작업해오고 있다. 그는 스테인드글라스 예술가로 경력을 시작했다. 그러나 현대 건축을 위한 어휘적인 면에 있어서는 항상 이 매개체에 대해 불만족스러웠다. 그가 처음으로 용융유리를 만났을 때가 바로 계시의 순간이었다. 그러나 그것은 이후 10년 동안의 연구와 실의 과정의 시작에 불과했다. 그에게 있어서는 슬럼프 유리와 용융유리가 유리를 통과하여 오는 빛을 조절시키고 변형시키는 것이 핵심과제였다. 얻을 수 있는 것과 어떻게 각각의 것이 빛이 공간에 들어오는 방식을 변화시키는 것은 다양하고 질감에 있어서 미묘했는데, 그것이 바로 그의 주요 관심사가 되었다.

여기에서 보여지는 프로젝트에서 브아셀은 특정한 건축적 콘텍스트에 응답했다. 그리고 바우하우스에서 직선의 형태들의 어휘들을 생각하고 사각형과 색깔을 겹치고 상호작용하는 것에 대해서 생각하면서 작업했다. 그러나 그는 고딕적 주위환경에서 작업하는 것에도 똑같이 익숙하다. 그곳은 슬럼프 유리의 울퉁불퉁한 질감의 본성이 주위를 둘러싸고 있는 석재작업과 훌륭하게 어울릴 수 있는 곳이다. 원래 건축의 어휘와 매개체에 어울리는데 어려움이 없이 빛이 들어오게 하면서도 외피로 안보이게 하는 유리를 찾고 있는 고딕 건물에 있어서 슬럼프 유리는 훌륭한 매개체이다. 그것은 완벽하게 평활한 표면을 지니고 있는 현대의 플로트 유리가 부식된 돌의 벌어진 틈으로 도입되었다.

가용 가능한 기술에도 불구하고, 에나멜과 디지털 프린팅이 있는 것과 같이 브아셀은 확실하다. 그에게 있어서 적어도 이것들은 예술에서 자리가 없다. 그는 스크린 프린트된 에나멜보다는 수작업으로 적용한 색을 더 선호한다. 브아셀은 기계의 간섭이나 매커니즘적인 프로세스의 간섭이 예술의 창조로부터 배제되어야 한다고 믿는 것처럼 순수주의자이다.

1

2

1 **FUNERAL PARLOUR**
독일 Neubiberg 소재. 2000년작. 디테일은 거친 유리 슬라이딩 도어의 패널 일부분을 보여준다.

2 **FUNERAL PARLOUR**
디테일은 부드러운 배경의 질감을 지닌 부분적으로 은색얼룩을 들인, 슬럼프유리로 된 사각형을 보여준다.

3 **FUNERAL PARLOUR**
이것은 전형적인 색과 사각형과 질감의 상호작용을 보여주고 있는데, 이것들은 사각형의 건축적 형태로 작업되어 있다.

3

1 **"우주로의 귀환"**
멕시코 시티 소재. 2005년작. 크기:3×11m(8×36ft). 이 사진은 멕시코 시티의 Paseo Reforma에 있는 건축가 아리엘 블룸버그Ariel Blomberg가 설계한 새로운 건물의 기초를 보여준다. 내부에서 끼워넣은 외피는 콰글리아타가 만든 후면에서 빛나는 모습과는 대조적으로 저철(백색) 유리이다.

2 **"우주로의 귀환"**
유리모습의 컴퓨터 제어의 후면 조명은 낮과 밤의 빛의 조건에 따라서 증가하거나 혹은 감소한다.

이태리 태생의 예술가 나르시수스 콰글리아타는 용융유리 기술의 대가이고, 용융유리를 대규모로 작업하는 극소수의 건축예술가이다. 콰글리아타는 거대한 의뢰작품에 전혀 부담을 갖지 않는다. 현재 멕시코 시티에 살고 있지만, 그는 전세계, 특히 미국과 이태리 그리고 극동지역 등에서 작품을 의뢰받고 있다. 그는 이후 갤러리나 전시회를 통하여 그것들을 판매할 수 있다는 기대하지 않고 전적으로 그 자신이 비용을 지불하면서 거대한 유리 예술 프로젝트들을 많이 수행했다. 그는 또한 그의 다산적인 생산물을 구매하고자 하는 갤러리와 수집가를 위해 1-2㎡(3-7ft) 정도의 크기의 작은 작업도 많이 한다.

여기에서 보여지는 프로젝트는 "우주로의 귀환"이라는 작품으로 많은 면에서 이들 두 작업스타일을 합친 것이다. 그것은 특히 마음속의 대상지를 가지고 디자인 되었다. 그러나 당시의 독립적인 콰클리아타의 창조적 본능의 완전히 자율적인 표현을 반영하고 있다. 그는 작품을 우주라는 우리의 장소의 불안정하고 떠다니는 본성(기쁨과 슬픔이 함께 합쳐지는)에 대한 중재가 되는 존재로 표현한다. 그 작업은 콰글리아타의 유리의 폭발과 소용돌이치는 색으로 극도의 대조를 이루는 엄격한 백색의 건물이 있는 강력한 건축적 환경에 놓여있다. 그 위로 드리워진 지붕아래의 패널의 위치는 밝은 태양광으로부터 그늘을 제공하고 이 상승하는 타워의 가슴속에 있는 불타고 있는 보석의 인상을 만들어 낸다.

이 작업에서 사용된 유리는 유리제조사인 Bullseye에서 제작된 용융 유리이다. 여기서 그것은 여러 가지의 유리원료와 종재(縱材)가 함께 있는 종이 형태로 함께 사용되었다. 콰글리아타는 색과 질감의 레이어를 구축하기 위해 입으로 분 유리에서 가장 일상적으로 사용되었던 기술을 혼합시킨다.

1

2

3

4

5

6

3 **"우주로의 귀환"**
용융유리로 된 33개의 패널들은 전형적인 콰글리아타의 "코스모스" 회화를 표현하고 있는데, 이것은 기술적인 드라마의 혼합가운데 충돌하는 밝은 은하계가 표현되어 있다.

4 **"우주로의 귀환"**
이 작품의 표면 질감은 디테일한 이미지에서 보여지기 시작한다. 그리고 유리는 훨씬 투명하게 나타난다.

5 **"우주로의 귀환"**
이 유리가 두개의 주요 화염처리로 녹여져 있기 때문에, 그 예술가는 후반기 단계에서 계속적으로 표면에 덧칠하면서 새로운 레이어를 첨가한다.

6 **"우주로의 귀환"**
확대장면. 이 작품에서 에어브러쉬 된 느낌은 거의 사라지고 유리 안에서 나오는 다른 색으로 보이는 입체감의 신비한 느낌이 나타나게 된다.

토마츠 우바노비츠는 모든 유리 예술가가 건축가로서 졸업한 것에 반해 한편으로 스테인드글라스 역시 공부했다는 이점을 가지고 있다. 그와 그의 아내 Beata는 건축가로 인증받은 사람으로, 건축을 위해 유리예술 작업을 하기 위해 1987년 폴란드 Wroclaw 지역에 그들 소유의 스튜디오를 설립했다. 스테인드글라스 작업으로 경력을 시작했음에도 불구하고, 우바노비츠는 계속적으로 유리를 몰딩하고 용융하고, 착색시키는 기술을 발전시키는데 참여했다. 그의 작업은 완전히 뚜렷한 특성을 보이는 울퉁불퉁한 성질을 보이고, 일반적으로 슬럼프 유리에서 더 많이 찾아볼 수 있는 질감과는 다른 성질을 보인다.

그 매개체의 대담함이 어떻게 디자인 요소의 분석을 어렵게 만드는지를 살펴보면 호기심을 자극한다. 우바노비츠 유리의 많은 부분은 무언가 단순히 자연스런 프로세스의 방법으로 만들어진 질감과 같이 보인다. 때때로 색깔은 아래에 보여지는 Holstein Brewery 프로젝트에서처럼, 공간에 어울리게 면밀하게 계산된 색채 계획이라기보다는 프로세스상의 우연적인 부산물에 더 가깝게 보인다. 그의 작품에서 그의 작업에 규정 불가능한 훌륭한 느낌을 부여하는 비밀스런 재료는 눈이 쉽게 감지하는데 실패하게 만드는 디테일이다. Holstein Brewery에서, 그것은 바의 유리가 기단부 전면에 지지되지 않은 채, 걸려진 것처럼 나타난다. 그러한 디테일은 그 예술가의 건축적 수련과정을 알수 있는 부분이다.

토마츠 우바노비츠는 건축 디테일과 클래식 기둥, 반원의 유리창 벽감 그리고 주물 석재작업에 들어가는 조각과 몰딩작업도 해왔다. 그의 작업은 화가와 조각가, 그리고 건축유리 예술가로서의 모든 스킬을 포함한다. 그리고 개인 의뢰품과 공공의 의뢰작품의 수가 거의 비슷하다. 이제 그는 폴란드 국경너머의 작업을 꾸준히 계속하고 있다.

1 **HOLSTEIN BREWERY 본사.**
독일 함부르크 소재. 2000년작. 바와 스크린이 우바노비츠가 두껍고 대담하게 조각한 유리를 첨가시킨 아름다운 색채를 보여준다. 바의 유리는 천장 표면에 걸려있고 고정되어 있는 하향 조명으로 조명설치가 되어있다.

1

2

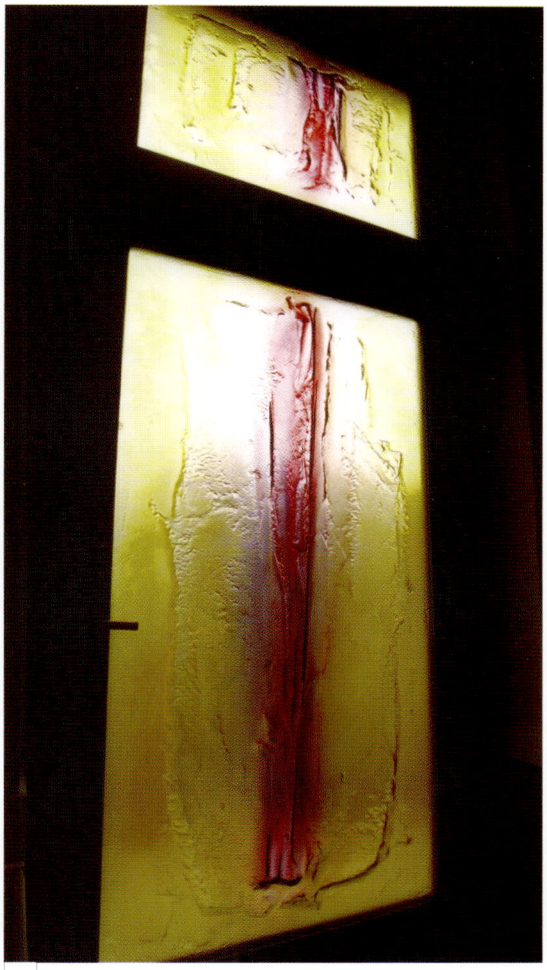

3

2 **"바람을 잡아라"**
폴란드 Wroclaw 개인 주택 소재. 2003년작. 3m높이(10ft). 몰딩 된 유리 패널은 모래분사처리한 유리문과는 분리되었지만, 바닥과 천장으로부터 이음매 없이 솟아오르는 것처럼 고정되어 있다.

3 **도어 패널**
폴란드 Kolobzeg, 호텔 Erania 소재. 2004년작. 이 아름답게 착색된 패널은 우바노비츠가 성취할 수 있는 색깔의 범위를 보여준다. 그 결과는 마치 수세기동안 부식되어 새겨진 것처럼 유기적으로 보인다.

4 **"뜨거운 태양"**
폴란드 Poznan 개인주택 소재. 2003년작. 높이 2.7m(9ft). 이 패널은 바위표면에 새긴 선사시대의 유리로 만든 조각작품의 모습이다. 섬세한 착색이 그 작품에 따뜻한 느낌의 빛을 주고 있다.

5 **성안의 난간**
폴란드 바르샤바 근처 소재. 두꺼운 유리조각들은 연속적이고 프레임없는 난간을 만들고 있는 깊은 해협속으로 가라앉아 있다.

4

5

1

1 **GLOBAL GATE 1**
독일 뒤셀도르프 소재. 2001년작. 진입로비에 설치된 벽에 거는 이 유리예술작품은 페인트칠 된 판형 유리로 만든 단순한 형태의 패널이 있는 삼차원의 요소들을 혼합한다.

2 **GLOBAL GATE 1**
이 사진은 전도광과 반사광으로 되어 있는 후면 벽 위에 색체의 형태들을 드리우면서, 이 색성 유리로 만든 16개의 선반들을 보여준다.

레나토 산타로사는 45년 동안 유리작업을 해오고 있다. 이태리 태생이지만, 그는 독일 뒤셀도르프에서 오랫동안 살아왔다. 그는 의뢰받은 작업을 하는 것만큼이나 독일과 그 외의 나라의 갤러리에서 전시를 목적으로 하는 독립적인 조각작품과 설치작품 작업을 하는 몇 안 되는 건축예술가 중 한사람이다.

산타로사는 기본적인 플로트 유리로 실험을 할 뿐만이 아니라, 다른 조명 효과를 탐구하면서 산업재료로 나온 유리 장대, 튜브 등 또한 사용하여 실험한다. "문제는 볼 수 있게 투명하게 만들 수 있는가인데 그것은 투명성을 파괴하는 바로 그 순간에 할 수 있는 것이다. 다른 말로 하자면 유리를 보일 수 있게 하기 위해 유리를 깰 필요가 있는 것이다. 나는 이것을 깨닳았다. 나는 루시오 폰타나Lucio Fontana를 이해하기 시작했다. 그가 그의 캔버스를 베어 찢어버리면서 의미했던 것, 바로 그것이다."

여기서 보여지고 있는 작업은 재료의 사용과 스타일에 있어서 전형적으로 절충적인 것이다. 그는 항상 탐구하고 있다. 이 조명이나 저 조명을 쓰게 될 때, 혹은 그 표면에 파편화된 것을 쓸 때와 몰딩을 쓸 때 유리가 어떻게 작용하는지에 대해서 탐구하고 있다. 재료의 독특한 속성은 색에 의해 불명료해진다고 느꼈기 때문에 그의 경력의 많은 부분을 그는 전적으로 색의 사용을 회피해왔다. 그가 색을 피함으로써 그는 자신이 재료 자체가 성취할 수 있는 것을 찾기를 갈구했다. 비록 칼라가 여전히 섬세하게 적용되긴 하고 이색성의 유리경우에, 요소를 흥미롭게 해주는 빛과의 관련 때문에 이색성의 유리를 사용하긴 하지만, 최근에 이르러서 그는 자신이 그러한 제한으로부터 자유롭게 해주었다.

산타로사의 경력은 교회의 후원에 의해 많은 도움을 받았다. 그러나 최근에, 벽에 거는 거대한 작품이나 그에게 가장 흥미로운 독립적으로 세워지는 조각을 창조하는 것이 가능하게 했던 오피스 빌딩과 은행 그리고 다른 저명한 환경요소들과 같은 세속적 시장에 더 많은 작품활동을 하고 있다.

2

4

3 **유리 조각** 독일 에센 국립은행 소재. 2002년작. 높이 3.5m(12ft). 그 조각 작품은 내부에 이색성 유리를 집어넣은 속이 빈 유리튜브로 만들어져 있다.

4 **유리 조각** 독일 Singen Stadtparkasse 소재. 2000년 작. 6m(20ft)길이와 3m(10ft)높이의 벽은 꽃의 형태를 만들고 있는 작은 이색성 유리의 작은 띠로 되어있는 과밀하게 포장한 유리 튜브로 구성되어 있다.

3

모래분사 유리는 유리의 표면이 제트 압축공기(콤프레서)로 운용되는 모래 입자에 의해 마모되는 과정으로 생기는 결과물이다. 그러한 작업이 가볍게 이루어지면, 이것은 유리 표면을 서리처럼 희게 하거나 주근깨투성이의 느낌으로 만들 수 있다. 강한 압력과 심할 정도로 연마시키는 재료를 사용하면 두꺼운 유리를 바로 잘라내고 모서리에 일정모양을 주는 것이 가능하다.

조각유리는 부조형태로 유리의 모양을 새기는 행위인데 매우 조각과 유사하다. 그것은 주형에 보이는 부조를 새기는 것과 같이, 주물로 뜬 형태를 창조하기 위해 소모되는 유리이다. 모든 것은 본질적으로 하얀색이기 때문에, 모래분사 유리에 있어서 조명은 중요하다. 만약 빛이 주물로 뜬 형태에 정확하게 떨어진다면 형태를 표현하는 그림자가 드러난다.

숙련된 장인은 훌륭하게 조명에 반응하는 세부적인 3차원의 모양과 질감을 창조할 수 있다. 여기서 보여지는 사례는 색깔과 함께 사용되는 모래분사 유리에 집중되어 있다. 다른 예술가들과 장인들은 유리위에 자신만의 "채색" 방식이 있다. 그리고 대부분은 니스와 송진 그리고 에나멜에 무언가 불투명하게 표현될 것이다. 또한 "차가운" 유리 채색도 가능한데 오일과 물에 근거한 것 양쪽 다 채색이 가능하다. 거기에서 유리속의 여러 가지의 깊이와 질감이 "니스"속에서 다른 색의 톤을 만들어낼 수 있다. 니스는 훌륭하게 연마된 표면을 접착시킬 수 있으며 실질적으로 빛나는 투명성을 회복시킬 수 있다. 이 재료들은 굽는 처리를 한 에나멜만큼이나 영구적이지는 않다. 그러나 놀랍게도 영구적이고 UV에 저항적이다. 그리고 그것은 종종 봉합된 단위 내부에 장식된 표면에 집어넣는 것이 가능하다.

모래분사 작업은 많은 부분 가장 까다로운 유리 작업기술이다. 좋은 조명이 없으면 그 작업은 낭패가 될 수 있다. 그러나 숙련되게 사용되면 그것은 성취될 수 있는 놀랄만한 작품이 된다.

위. **조각된 조개**
영국 런던 히드로 Radisson Edwardian 호텔 소재. 2002년작. 존 윌리엄스 제작. 이 조각유리 조개는 바 상부의 일부분이다. 그 조개모양은 물결모양의 황금색과 파란색, 녹색을 만들면서 이색성의 필름이 뒤에 자리잡고 있다.

반대편 좌측. **MARUNOUCHI 빌딩**
일본 동경 소재. 2002년작. Shelagh Wakely 제작. 이 은색의 나무는 유리 뒷면에 새긴 것이고, 은색 페인트르 칠해진 것이다. 그 유리는 반사된 빛의 이미지가 되고 있다.

반대편 우상. **쾌음조.**
미국 알래스카 앵커리지 국제 공항 소재. 2004년작. 워렌 카더 제작.
이 디테일은 연마된 표면위에 착색된 모래분사와 질감으로 되어 있는 유리로부터 잘려진 형태를 보여준다.

위. **LABORATORY 헬스 클럽**
영국 런던 소재. 1999년작. 크기 3×1.5m(10×5ft). Pip Tunstall작. 세 개의 이중 패널중 하나는 대조적인 다른 질감으로 깊이 새겨진 후 착색된 송진으로 에어브러쉬 작업과 수작업 페인트칠을 했다.

위. **POH의 금붕어**
영국 런던 개인주택 내 소재. 2003년작. 존 윌리엄스 제작. 조각되고 손으로 페인트칠된 금붕어의 디테일은 수작업 된 차가운 송진으로 얻을 수 있는 풍부한 색과 투명한 발광체를 보여주고 있다.

1

예술학교에서 졸업할 즈음에, 와렌 카더는 이미 유리작업을 해야겠다고 결심했다. 그는 뉴욕과 후에 캘리포니아에서 불어 만드는 유리에 대한 공부를 계속했다. 그러나 1977년 졸업하던 시기에 그는 불어 만드는 유리가 그가 상상하는 거대한 유리벽을 구축시킬 수 있는 잠재성을 제공하지 않는다는 사실을 깨달았다.

그는 결국 그의 목적을 성취할 수 있게 만들었던 기술들을 개발에 착수하기 위해모국 캐나다로 돌아왔다. 그는 스테인드글라스로 작업을 고려했지만, 곧 내적 구조재로서의 힘이 부족하다는, 매체의 본질적인 한계를 인식했다. 그러나 거대한 평평한 플로트 유리로 작업하면서, 카더는 무엇이든 가능하다는 것을 알게 되었다. 항상 두껍고 비싼 유리를 사용함으로써 카더는 그 매개체의 생각할 수 있는 깨지기 쉬운 속성에 의한 어려움들을 우회했다.

그러한 두께에서 유리는 여러 장소에서 그것을 몇 밀리 정도 줄여 만든 이후에야 비로소 구조적으로 느껴지게 되었다.

현재 그는 유리로부터 거대한 조각을 가능하게 하고 그의 작업들이 필요로 하는 모든 섬세하고 훌륭한 모래기술을 실행시키는 것이 가능하게 하면서, 자신의 스튜디오에서 다른 정도의 연마 재료를 가진, 여러 개의 다른 모래분사 단위 스튜디오와 함께 작업을 하고 있다.

카더는 연마된 표면에 색을 더하는 여러 방법들을 실험하고 있다. 연마하고 에어브러쉬 작업을 하고, 반투명의 착색으로 하여 실내 레이어로서 이색성의 유리를 접착하는 것이다. 심지어는 메탈색의 사용하는데 그것은 완전히 반사적인 것이고 조명에 따라서 다양한 색으로 표현되곤 한다.

카더는 하나의 거대한 의뢰작품이 다른 것으로 이동하는 것처럼 보인다. 그의 세폭짜리 홍콩 "시chronos"는 25톤의 무게를 가진 총 360sqm(3900sqft)의 유리를 형성했다. 반면 앵커리지 공항 프로젝트(167페이지 참조)는 비슷한 크기이다. 사실 그의 철재 구조가 단지 조각의 아름다움을 더하기 위해 사용되지만, 조각 유리 패널을 또 다른 패널위에 쌓는 그의 기술은 최소한의 구조재로 거대한 높이로 쌓는 것을 가능하게 해주었다. 카더는 유서깊은 기술로 작업하면서 새로운 영역을 개척했지만, 그것은 완전히 새로운 의식의 새로운 비전이다.

1 **자취**
홍콩 링컨 하우스 소재. 1999년 작. 크기: 4.75×7.25m(15×24ft).
이 벽에 걸린 작업은 카더의 거대한 "시時" 3부작의 중심작품을 형성하고 있다.

2 **자취**
그 작업은 동으로 바닥을 대어 구조적 지지를 하였다. 컴퓨터 제어의 후면과 전면의 조명은 이색성 유리 요소가 극적인 색의 변화를 가져올 수 있도록 하고 있다.

3

4

5

3 **시간의 입구**
홍콩 링컨 하우스 소재. 1999년 작. 크기: 3.75×13m(12×43ft).
"시時" 3부작의 마지막 작업은 미래를 향해 솟아오를 때, 낙관주의의 느낌으로 거대한 높이의 작품으로 표현되고 있다.

4 **PRAIRIE BOY의 꿈**
캐나다 Winnipeg, One Canada 센터 소재. 1994년작. 크기: 3.75×11m(12×36m). 두개의 타워의 각각은 60cm(24in)높이로 뒷면 표면에 이색성 유리가 부착되어 있는 17개의 곡선화 되어있는 유리 패널을 가지고 있다.

5 **PRAIRIE BOY의 꿈**
전면의 디테일. 그것은 모양으로 만들고 있는 유리 레이어를 보여준다. 풍경위에 사람의 효과를 주면서 배경이 되는 유리에 부착되어, 하얀색으로 모래분사 처리했다.

6 **"쾌음조"**
미국 알래스카 테드 스티븐스 앵커리지 국제공항 소재. 2004년작. 높이가 큰 곡선화 된 유리 조각품으로 된 클러스터들은 19mm(0.7in) 두께의 곡선화 된 유리패널로 제작되었다. 패널 중심에 있는 동색/황갈색의 대조적인 부분에 주목하라. 광원의 방향에 따라 메탈계의 착색부분은 다른 색을 발산한다.

7 **"쾌음조"**
9개의 독립구조로 되어 있는 조각된 유리 타워는 각각 8.5m(28ft) 높이로, 43m(141ft)의 지름을 가지면서 알래스카의 주요 국제공항에 있는 출발 라운지를 보호하듯 둘러싸고 있다.

6

7

1

마르키안 올리니크는 캐나다 밴쿠버에서 작업하는 장인으로, 갤러리와 수집가와 대기업 상업적 클라이언트들을 위해 의뢰작품과 스크린과 독립구조 작품을 작업하고 있다. 유리로 작업하는 많은 사람들과 같이, 올리니크는 대부분 독학으로 배웠다. 1970년대 후반, 그는 여러 종류의 착색 방식을 모래 분사기술과 어떻게 가장 잘 혼합할 수 있는가에 대해 탐구하기 시작했다. 그는 에나멜 페인트를 실험했으나 그것들이 유리자체의 본성인 투명성 때문에 부분적으로 한계가 있음을 알게 되었고 그들은 유리의 본성에 매달려 연구하였다. 올리니크는 이후 래커와 니스를 가지고 작업하기 시작했고 이것들이 잠재적으로 밝은 색과 엄청나게 긴 내구성을 지닌 반투명 혹은 심지어 유리의 투명성까지도 지닐 수 있다는 것을 알게 되었다.

수 년 동안 재료를 가지고 작업하고 문제를 해결하고 특정 질감과 효과를 획득하는 것은 끝이 없이 기술과 기교를 배우는 과정이었다. 모래분사는 유리와 그 모서리를 모양을 바로 만들어줄 수도 있는 것으로, 그것은 처음 단계에 해당된다. 대부분의 유리 패널들은 적어도 12mm(0.5in)이고 종종 19mm(0.7in)두께가 되기도 해서 유리에 조각하는 것은 4-8mm 깊이정도가 될 수 있고 오브제 형태를 만드는 것은 가능한 한 입체감이 나게 되었다. 이후 대부분 유리는 거칠게 되어지곤 하는데, 특히 각도와 모서리가 너무 날카로우면 거칠게 만드는 작업중에 때때로 유리가 폭발하는 위험이 생길 수도 있다.

올리니크는 이후 에칭된 표면에 마찰시키거나 유리속의 갈라진 틈을 사용하여 그것을 프로팅 시킴으로써 아마도 에어브러쉬 작업을 하면서, 색을 첨가하기 시작했다. 때때로 색은 유리와 착색부분 모두 표면에 새로운 질감과 효과를 창조하면서, 산과 모래분사로 벗겨져 나갈 수도 있다.

마침내, 색과 에칭부분은 재료의 표면에 부가적인 질감과 느낌을 부여하면서 깨끗한 래커칠이 적용되게 할 수도 있을 것이다. 그것은 이 작품들의 아름다움의 일부분인 래커 마감의 빛나는 투명성과는 대조를 이루는 표면과 질감의 상호작용일 수도 있다.

1 **"지표면 시리즈: 캐년"** 캐나다 밴쿠버 소재. 2001년작. 세 폭의 작품 중 한 작품의 디테일. 크기: 1.8×2m. 형태가 있는 모서리와 깊게 조각된 지형도와 다양한 니스 마감을 보여주고 있다.

2 **"유리 샘fountain"** 캐나다 밴쿠버 Blue Horizon 호텔 로비 소재. 2000년작. 높이 6m(20ft). 그 조각품은 조각되고 페인트칠 되고 래커칠 된 12mm(0.5in)의 강화유리로 제작되었다.

2

3

3 **직립석재: 대양ocean**
캐나다 밴쿠버 개인 소장품. 2003년작. 크기 2m(6.5ft) 거친 유리로 된 독립구조의 패널이다. 유리에 조각된 질감은 에어브러쉬 작업을 한 색깔의 부분과는 대조를 이루고 있다.

안드레아 홀리츠는 건축 예술가로서 경력을 시작하지는 않았다. 그의 처음 수련과 관심은 사진과 디자인 분야였다. 홀리츠는 1978년에 처음으로 개인전을 열었다. 그리고 그 이후로 정규적으로 이런 저런 종류의 작품을 전시했다. 1986년에 그는 쾰른 대학교에서 사진분야의 외래교수로 지명되었다. 그 때부터 홀리츠는 조명 박스에 근거한 전시작품을 창조해왔다. 그 작업들은 계속적으로 복잡하고 이미지와 거울과 유리, 조명 그리고 투사 projection를 가지고 작업하는 것이 되었다. 불가피하게 전시 공간을 위한 구축 설치작품과 디자인 교리로서 뿐만이 아니라 어떻게 이미지들과 조명과 유리가 상호작용 하는지에 대한 그러한 초점은 건축에서 설치작품을 창조하기 위해 어떻게 빛과 유리가 함께 작용하는지에 대한 특정한 이해를 가져왔다.

"Text DNA"는 네온 튜브로 후면조명을 하는(아래에서 보이는) 55m(180ft)길이의 모래분사 거울의 띠이다. 그것은 어떻게 작은 유리의 영역이 거대한 벽의 영역을 "채울 수" 있는지 보여주는 훌륭한 사례이다. 그 작업은 실행하기에 단순한 작품으로 보일지 모른다. 그러나 우리는 눈에 보이는 고정부착물과 연결재가 없이 하얀 벽에 이음매 없이 융합되는 연속적인 설치물을 배열하는데 있어서 보이지 않는 복잡함이 있음을 의심해야한다.

"색인", 독일 남부에 있는 Harz 산 근처의 취업은행에 있는 홀리츠의 유리와 조명 장면은 멀리서 보면 건물을 관통하는 심플한 빛의 기둥처럼 작용하여 아름답게 느껴지면서 흥미를 자아내는 작업이다.

홀리츠의 작업은 매우 다원적이다. 그러나 대개 사진과 빛의 상호작용 가운데 있다. 그러나 우리가 이들 전적으로 추상적인 건축 설치물에서 보는바와 같이, 그는 사진의 사용 없이도 가장 미니멀적인 방식과 커다란 효과를 주면서 유리와 조명의 속성을 이용하는 방법을 배웠다.

1

2

1 **텍스트 DNA**
독일 Kerpen-Koln Uniplan international 오피스 소재. 1998년작. 이 디테일은 어떻게 거울이 모래분사처리되어 빛나는 거울과는 대조적인 빛나는 매트의 표면을 남기게 되는지를 보여준다.

2 **텍스트 DNA**
그 작업은 명백하게 후면이 네온 조명으로 빛나는 모래분사 거울로 된 단순한 띠이다.

3 **INDEX**
독일 Sangerhausen 취업은행 소재. 1999년작. 이 작업의 장면은 세 개의 이중의 조명 박스로 되어 있는데 건물 내부와 외부에서 모두 볼 수 있는데, 이것은 유리의 혼합과 거울과 모래분사 부분과 내부 조명으로 만들어진 것이다.

3

4

5

4 5 **INDEX**
위에서 자세히 바라보면 그 작업은 깜박이는 빛으로 된 좁은 기둥이다. 유리는 모래 분사 부분과 깨끗한 유리로 된 수평선으로 구성되어 있다.

현재 사용되고 있는 필름에는 다섯 개의 주요 카테고리가 있다: 에칭, 칼라, 디지털 프린트, 이색성, 홀로그래픽 필름 등이 그것인데, 홀로그래픽 필름만 제외하고 이것들은 합판화된 유리안에 가장 잘 적용될 수 있고, 이것들은 모두 유리에 적용시킬 수 있는 다른 유형의 플라스틱 레이어이다.

적용시켜 사용하는 필름의 뛰어난 이점 중 하나는 그것이 일시적인 것이 될 수 있다는 점이다. 그 필름은 제거되어 새로운 이미지로 비교적 쉽게 대체될 수 있다. 그러나 적절한 환경에서 사용된다면, 필름을 적용하는 것은 놀랄 만큼의 내구성을 가질 수 있을 것이다. 나는 건물의 외관에서 10년 혹은 그 이상 동안 필름이 사용되는 것을 보아왔다. 나는 또한 필름이 프레임 없는 유리문에 적용된 것도 보았는데, 수 년 동안 껍질이 벗겨지는 것을 본적이 없다. 필름 적용의 비밀은 점착물이 접착하는데 충분한 시간이 주어져야만 한다는 것이다. 몇몇 필름들은 정착되면 사이에서 보호되면서 완전히 영구적인 이미지를 만들면서 두 개의 유리 레이어 사이에서 합판화 될 수도 있다.

그러나, 필름이 단지 적용물이라는 사실이 또한 불리한 점이다. 거기에는 질감이 없으며 기본재료로서의 통찰력이 없다. 그것은 어느 면에서 일시적이고 상대적으로 쉽게 해체되고 잘라지고 손상 받을 수 있다. 따라서 필름을 적용하여 사용할 때에는 장소가 결정적 요인이다.

투명한 필름은 다른 많은 색 가운데 사용 가능하다. 이것들은 제 3의 혼합물들을 창조하기 위해 색을 혼합시키면서 레이어 속에서 구축가능하다. 디지털적으로 프린트 된 필름은 결과를 얻을 수 있는 더욱 단순한 방법이다. 유리와 작업할 때라면 항상 기초적인 매개체가 흰종이와 같이 투명하지만 반사적이지는 않다는 사실이 가장 잘 짜여진 계획으로 되어있는 대 실패의 결과를 만들어내는 복잡함을 도입하는 것일 수도 있지만, 그래픽 디자인이나 컴퓨터에 기반한 디자인을 잘 표현할 수 있는 사람들은 디지털적으로 표현된 필름을 사용할 수 있는 시도를 할 수 있다.

불가피하게, 이들 필름 기술은 유리로 작업한 경험이 없는 예술가들에게는 가장 매혹적인 것이다. 왜냐하면 그 디자인 프로세스는 본질적으로 컴퓨터로 이끌어지거나 혹은 기본적으로 재생산적인 프로세스이기 때문이다.

위. **재정 지원 센터**
영국 런던 소재. 2004년작. Kirsty Books 제작. 그 이미지는 어떻게 필름이 쉽게 개조된 인테리어(176페이지에 있는 원래 버전을 참조)로 대체되는지를 보여준다.

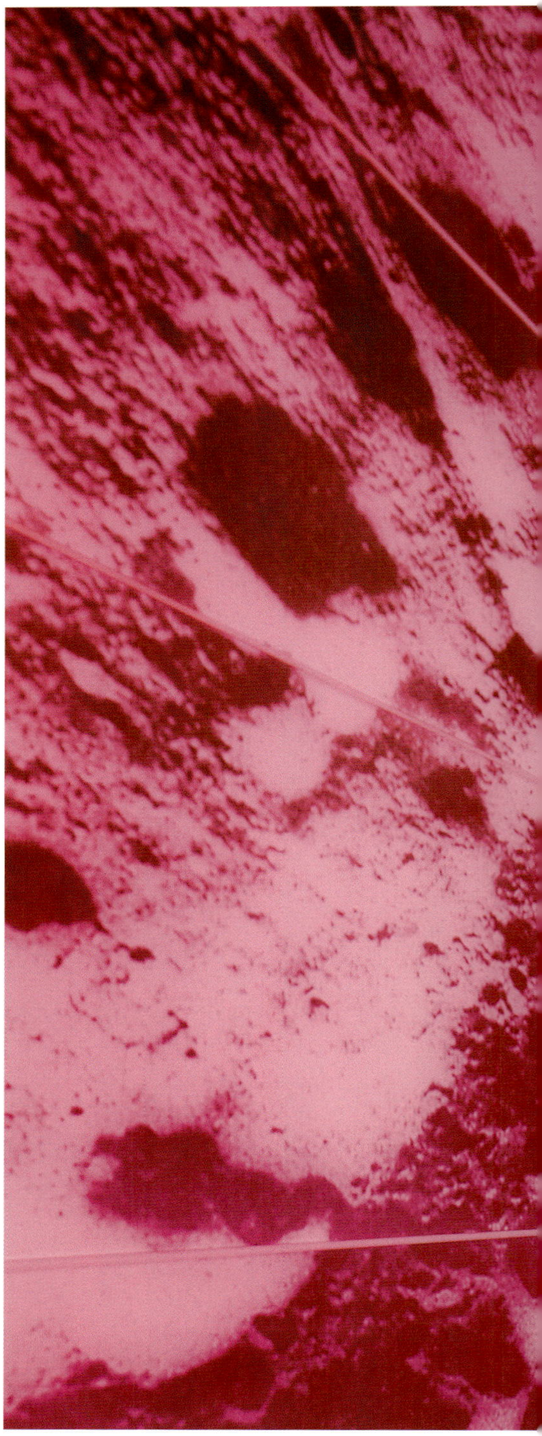

위. **TIME AND TIDE** 런던 Plantation Place 소재. 2005년작. Declan과 Arup Associates. 이 41×6m (134×20ft)의 후면에서 빛나는 스크린은 반사되지 않는 저철유리의 외부 마감을 가진, 12mm(½in)의 저철 유리의 두개의 레이어 사이에 합판화 된 프린트된 필름으로 제작되었다. 패널의 후면은 위아래에서 LED 조명을 발산하면서 백색 에나멜로 프린트되어 있다.

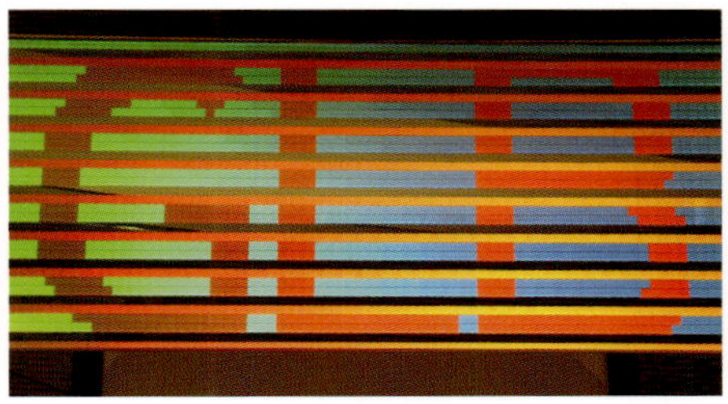

우측. **홀로그래픽 필름**
독일 도르트문트 소재. 1999년작. 이 6개의 사진은 GLB 회사에서 제작된 것으로, 모두 같은 유리 패널의 이미지들이다. 어떻게 유리의 두 레이어 사이에 위치한 홀로그래픽 필름이 다른 색을 반사할 수 있는지를 보여주고 있다.

1 **서부지구 법정**
호주 퀸즈랜드 Inala 소재. 2004년작. 이 사진은 유리 사이에 합판화 된 디지털 프린트로 된 16개 패널 중 한 개를 보여준다.

아일랜드 코르크 시에서 출생한 케빈 토드는 과학과 예술의 상호반응을 탐구한다. 초기의 수련과정은 엔지니어링과 디자인 제도분야였으나, 주체할 수 없는 호기심과 계속적인 연구가 그를 더 진보적인 기술과 접촉하도록 하는 계기를 만들었다. 1990년대에 그는 IT(information technology)와 사진, 프린트 미디어 그리고 디지털 아트를 가르치기 시작했다.

현재 호주에 기반을 두고, 토드는 전 세계적으로 전시를 하고 계속적으로 전시와 큐레이팅 프로젝트와 주거, 협력작업 그리고 공공예술 프로젝트들과 관련을 가지고 있다.

여기에서 보여지는 두개의 프로젝트들은 유리 사이의 반투명 필름과 판형 필름을 깨닫고 만든 디지털적으로 창조된 이미지들로 작업한 관심분야를 보여준다.

CSIT 프로젝트는 우측 하단에 보여지는 것으로, 정전기적인 과정을 사용하여 필름 위에 프린트 되었고 두개의 유리 레이어 사이에 송진으로 판형화 되었다. 이 작업은 호주의 Sunshine 해안의 아열대 기후의 분위기를

1

2

표현하고 있다.

그 이미지는 외부와 내부의 빛에 따라 변화한다. 그리고 특히 내부와 외부 조명사이의 균형이 이리 저리로 움직일 때 새벽과 황혼시기에 전이적으로 된다.

Inala는 브리스번의 서쪽 외곽에 있는 곳이다. 그리고 커뮤니티가 외국태생의 거주민으로 되어 있는 다인종이지만, Inala라는 이름은 '바람의 장소' 혹은 '바람과의 만남' 이라는 의미를 지닌 원주민의 단이다.

좌측 하단에서 보여지고 있는 그래픽 이미지는 16개의 패널로 건물의 공공영역을 통합하면서 이러한 바람의 느낌과 흐름과 에너지를 포착하고 있다.

토드의 작업은 디지털적으로 창조되었다. 그러나 콘셉(컴퓨터 이미지)와 오브제(실제 예술작품) 사이의 갭을 연결시켜주고 있다. 그의 많은 이미지들이 거의 형상적으로 나타나지만 그것들은 실제로는 전적으로 컴퓨터로 만들어진 추상적인 이미지들이다.

2 **대기 #1 & #2**
호주 퀸즈랜드 Cooloola Sunshine 기술대학(CSIT). 2003년작. 이들 두 패널은 두개의 유리층사이에 합판화 된 각각 대략 4×6m(13×20ft)이고 필름으로 마감되었다.

1 **재정 지원 센터**
영국 런던 소재. 1999년 작. 여러 개의 독립구조 스크린 중 두개는 유리위에 프린트된 필름으로 런던 오피스 매점을 위해 제작되었다. 매우 넓은 크기의 3차원적인 이미지는 듀오톤으로 제작되었는데, 이것은 그들이 거주하는 공간에 있는 강력하고 긍정적인 효과를 주고 있다.

2 **재정 지원 센터**
스크린 중 하나의 디테일. 그 예술가가 찍은 사진을 사용하여 만든 것이다.

영국 예술가 커스티 브룩스는 뚜렷한 비전과 스타일을 가지고 있다. 그녀는 에나멜과 에칭 그리고 모래분사 유리를 사용한 것을 포함하여 유리로 많은 다른 작업을 해왔다. 특히 필름을 적용하여 작업하는데 숙련되어 있다. 이것은 아마도 그녀가 사진적이고 디테일한 이미지로 작업하는데 집중적으로 관심을 기울였기 때문일 것이다. 브룩스의 작업들은 환경에 있어서 난해하고 심지어는 독단적이지 않은 변화를 만들고 있는데, 이것들은 종종 추상적인 3차원의 질감을 창조한다. 이들 이미지들의 효과는 유리와 통합될 때 표면이 더 부드럽고 덜 강하게 나타나게 된다. 사진기술을 추구하는 많은 사람들처럼, 브룩스는 질감적인 표면의 사진을 찍기를 좋아한다.

꾸겨진 종이와 벗겨진 페인트와 나무, 더미로 쌓여있는 종이, 말라비틀어진 진흙, 바닥의 그림자 등이다. 브룩스가 가려고 하는 곳은 어느 곳이던지, 그녀는 새로운 이미지들을 발견한다. 그녀는 이러한 단순한 빛의 이미지들을 느낀다. 그리고 그늘은 유리와 공간에 생명력을 불어넣으면서 완전히 새로운 표면의 질감을 창조하면서 유리에 적용될 수 있다. 아래에서 보여지고 있는 Whistler Street 프로젝트에서, 브룩스는 그 건축가와 긴밀하게 작업했는데, 그는 색의 범위가 오렌지색에서 보라색의 범위를 지니고 있는 코르텐 강이라고 불리는 일반적이지 않은 외피재료를 사용하여 한 쌍의 실험적인 신축 건물을 디자인했다. 그 건물의 전체 콘셉은 특정 산업적 풍경에 의해 영감을 받은 것이다. 브룩스는 그 건축가와 긴밀하게 작업했고 그녀자신이 스스로의 사진 색조를 만들기 위해 그 지역을 방문했다.

브룩스의 작업은 두드러지지 않고 심지어는 주위환경에 독단적이지 않은 분위기이다. 그럼에도 불구하고, 강하게 표현하지 않았음에도, 그녀의 삽입부분은 완전히 공간의 경험을 변화시킨다. 이 적용물은 유리가 나누어져 있는 두 공간사이의 막의 본성을 변화시키면서,많은 다른 콘텍스트에 적합하다. 또한 벽의 모습으로서의 후면광도 그렇고 유리위에 투명한 필름도 마찬가지다. 그것은 형태보다는 질감의 내적 느낌 때문일 것인데, 브룩스는 이러한 매개체의 인식부분은 너무나도 건축적이다.

1

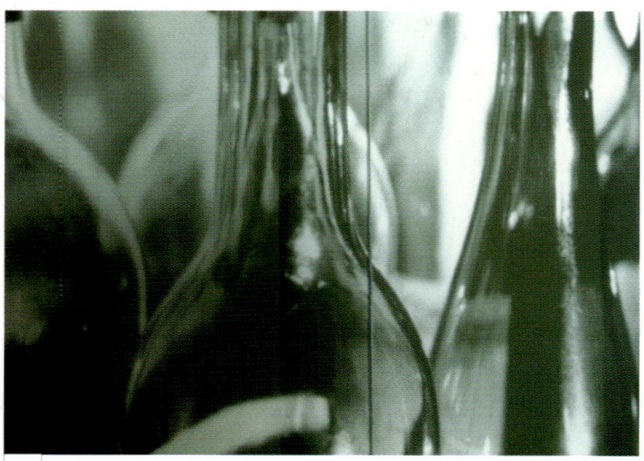

2

3

3 **Whistler 스트리트**
영국 런던 소재. 2005년 작. 외부에서 보면, 큰 유리벽에 부착된 필름으로 되어 있는 이 미묘한 흐린 이미지는 거주자에게 프라이버시를 제공한다. 반면 실내나 외부를 닫을 수는 없다.

4

5

4 **Whistler 스트리트**
내부를 보면 그 이미지는 충분하지만 배타적이지는 않은, 외부로부터의 분리되는 느낌을 만들면서 디지털적으로 프린트된 필름속에 잠복되어 있는 것은 분리되지 않고 사물을 제시할 수 있다.

5 **Whistler 스트리트**
필름으로 인하여 관찰자가 움직임에 따라서 경험이 조금씩 변화하게 된다. 우리가 이 사진에서 확인할 수 있는 바와 같이, 때때로 그 필름은 더욱 한정적으로 되는데, 그곳은 이미지들이 갑자기 더욱 깨끗하게 보이는 곳이다.

1 **반투명 스크린**
독일 Buckeburg, Volksbank 소재. 2001년작. 크기: 25×1.2m(82×4ft). 그 스크린은 깊이 있는 색을 가지고 있는 로비 디자인(반대편 참조)에 반영하면서, 프라이버시를 만들어주는 오피스 파티션 벽을 덮고 있다.

위르겐 드레버는 목재, 철재, 돌과 유리를 포함하여, 많은 다른 미디어를 가지고 작업을 한 독일 건축예술가이다. 최근의 의뢰 작품에서 그는 하나의 단일 디자인을 형성시키기 위해 거대한 착색 유리벽이 있는 목재 위에 오일 페인팅을 한 것을 결합시키는 작업을 창조할 수 있었다. 두개의 바닥부터 천장까지 페인트칠 된 표면은 따라서 유리벽에 의해 침입되어 불투명한 재료로부터 반투명한 재료로 다시 되돌아오면서 디자인이 마감된다. 두 부분 사이의 연결부의 정말 중요한 디테일은 그 재료를 정말 감지할 수 없을 정도로 서로를 미끌어져 들어가게 만들고 있다.

드레버는 대부분의 작업을 회화를 만들면서 작업을 시작한다. 때때로 꼴라쥬나 때때로는 오일 페인팅으로 만들기도 한다. 결과로 나타나는 디자인은 완전히 추상적이지만 드레버는 문제와 그 거주자와 건축과 아마도 그 역사의 본질적인 공간의 기능에 대응한다. 드레버가 다른 미디어상에서 작업하고 있지만, 드레버는 유리가 독특한 방식으로 변형시키는 기회를 제공한다고 느끼고 있다. 특히 그 유리가 두개 혹은 이 사항의 환경에서 볼 수도 있기 때문이다. 그것은, 유리 파티션을 완전히 다르게 경험할 수 있는 것이다. 그러나 주로 방안에 있는 유리에 색을 첨가하는 것은 회화가 할 수 없는 방식에서의 새로운 차원을 첨가하는 것이기 때문이다.

지난 수년동안 드레버는 기술과 테크닉에 있어서 발전이 있었음에 고무되었다. 그는 스텐실의 수단으로 유리위에 그의 이미지들을 창조해낸 디지털 방식으로 프린트된 필름으로부터 페인팅과 래커로 한 에어브러쉬 작업에 이르기까지 다양한 방법으로 한 실험에 열심이었다. 래커의 사용은 유리에 특정 유형의 부드럽고 심지어 표면 질감을 창조해냈다. 디자인을 준비하는 기술은 디지털적으로 그를 더 많이 최종 결과에 대해 더욱 통제를 가할 수 있도록 해주었다. 그가 디지털적이지 않은 기술을 가지지 않았다면 중대하게 돈이 더 들었을 것이고 따라서 그 작업을 더 많은 대중에게 접근가능하게 만들었다.

1

2

3

2 **반투명 스크린**
Volksbank, 2001년작.
크기: 20×3.2m(65×10ft).
이 작품은 디지털적으로 프린트된 필름으로 덮힌 독립구조의 유리 스크린으로 구성되어 있는데, 진입부의 로비를 둘러싸고 있다.

3 **반투명 스크린**
로비 스크린의 확대 장면은 반투명의 주위에 대조적인 요소를 첨가하면서 드레버가 어떻게 디자인에서 투명한 영역을 포함하고 있는지를 보여주고 있다.

1

에스펜 톨렙센은 수 년 동안 예술작품을 제작해왔던 노르웨이 사진가이다. 그러나 여기서 보여지고 있는 작업은 그가 처음으로 유리를 가지고 작업을 한 경험을 보여주고 있다.

새로운 선적회사의 본사를 위한 인테리어 디자이너인 Lief Hoegh & Co.에서는 조명의 느낌이 절충되지 않으면서 오피스 컨퍼런스 룸을 둘러싸는 유리위에 쓰일 이미지를 원했다. 노르웨이에서의 빛에 있어서 극적인 이동은 톨렙센이 이미지를 계획할 때 여름동안에 하루 종일 해가 비치고 겨울에는 거의 영구적으로 황혼에 있는 것 같은 부가적인 문제들을 가져왔다. 사진은 후면에 빛이 나는 모습이라든지 혹은 반사 종이처럼 항상 안정적인 빛의 조건을 필요로 한다. 이들 유리벽은 외부 조명이 변화함에 따라 항상 특성과 표현에 있어서 변화할 것이다. 따라서 그 이미지들은 조명은 인공조명 원에 의한 것만큼이나 가장 약한 외부 조명에 의해 활기를 띠면서 흐리게 나타난다. 그 필름은 완전히 예상치 못한 방식으로 빛을 잡아두어서 그 벽을 따라서 걷게 되면 일부 흰색의 부분이 빛나는 흰색, 회색에서 거의 검은색으로 나타날 수도 있다. 풀 이미지의 흐린 녹색은 낮은 저녁 햇빛 속에서 엽록소적인 색조를 띠고 있다.

디지털적으로 프린트된 필름은 부가적인 UV 보호를 하면서 그리고 또한 조명이 잉크로부터 반사되는 매트의 표현을 제거하면서, 하나 이상으로 유리에 적용되었

2

1 **Leif Höegh & CO.**
노르웨이 오슬로 소재. 2005년작. 다양한 각도에서 본 풀의 확대사진은 오피스 건물의 카페테리아 층에 있는 이러한 모습의 벽을 만들어 내고 있다.

2 **Leif Höegh & CO.**
이 디테일은 사진이 주도적인 모습이 되지 않으면서 공간에 분위기와 질감을 첨가시키는 것을 가능하게 해주면서, 톨렙센이 자연적 형태로부터 어떻게 추상적인 인상을 만드는지를 보여준다.

3 **Leif Höegh & CO.**
같은 벽의 전체 전경은 어떻게 각각의 유리벽이 단순한 긴 경치보다는 같은 주제의 약간 다른 이미지를 가지고 있는지를 보여준다.

다.

각각의 패널은 거대한 풍경사진을 사용하기 보다는 독립된 이미지인데, 그것들은 약간 다른 각도로 찍은 같은 주제의 반복이 되거나 현재의 바람이 다른 각도에서 물결을 움직일 때 낮 동안의 다른 시간대에 같은 주제를 찍은 것이다.

오피스 건물에서 대부분의 이미지들은 위에 보이는 풀 이미지와는 달리 거의 색이 없는 것이어서, 주의를 사로잡는 이미지를 보여주기 보다는 공간과 질감의 느낌을 만들어 준다.

3

1

마이클 블레옌버그는 화가로 교육받고 25년 이상을 예술가와 강사로 작업해왔다. 1992년에 쾰른으로 이주한 이후 그는 현대 기술이 그의 예술에 제공해야만 하는 것에 흥미를 갖게 되었다. 그는 화가로서 그가 해왔던 것에 중심적으로 관련된 것처럼 보였던 레이져 테크놀러지의 양상에 매혹되었다. 그것은 색과 빛의 본성을 탐구하는 것이다. 그는 색이 단순히 공중에 매달려 흥미를 자아내고 초월적이고 자유롭게 걸려서 존재할 수도 있다는 생각이 들었다. 백색 조명을 괴기한 색으로 나눔으로써, 금속박편의 유형은 원래 건물안의 빛과 온도의 통제속에서 원조될 수 있게 발전되었다.

기술적으로, 블레옌버그가 디자인해왔던 이러한 "홀로그래픽" 예술작업은 두개의 유리 레이어 사이에서 판형으로 만들어지는 "홀로그래픽" 영화로부터 형성된 것이다. 몇몇 사례에서, Bonn에 있는 벽의 반대편에서처럼, 후면의 유리 레이어는 반사되고 있는데, 그것은 유리를 통해 그 빛을 후면으로 튀어내게 하며, 홀로그래픽 영화를 활기있게 만들고 있다. 블레옌버그는 1990년대

1 **"EYESCAPE XI"**
중국 베이징 독일/중국 과학센터 소재. 2001년작. 크기: 2×2m(6.5×6.6ft).
이 홀로그래픽 예술작업은 안정적으로 보인다. 그러나 관찰자가 움직일 때 그것은 그 색을 변화시키고 때때로 그것은 거의 완전히 사라진 것처럼 보인다.

2 **"빛의 연"**
독일 브레멘, 적용레이저 기술을 위한 Bias Bremer 대학. 2002년작. 이 작업은 계단실에 걸려있다. 두개의 교차하는 유리면들은 주위의 빛에 의해 활기있게 되고 있다.

2

3

4

5

3 **EYEFIRE**
독일 본 DFG 소재. 2000년작. 크기 5×13m(16×43ft). 홀로그램의 형태로 되어 있는 벽은 이 과학기술 대학의 측면을 장식하고 있다. 이 작업은 거울로 된 유리가 뒤에 있으면서 콘크리트 벽 위에 둘러싸여 있다.

4 **EYEFIRE**
그 작업은 전적으로 그것 위로 투사되고 있는 빛에 반응한다. 그리고 방향과 광원의 본성에 따라서 그 자체를 다르게 표현한다.

5 **EYEFIRE**
주광에는 여기에서 보이는 바와 같이, 색은 거의 위의 황혼의 사진의 역상으로 된다. 그러나 관찰자가 움직임에 따라, 색은 변화하고 형태는 이동한다.

초반이래로 이러한 제작품을 개발하는 과학 담당 팀과 작업해오고 있다.

그의 역할은 매개체를 이해시키는 것 하나와 이후 도전적인 색이 채택할 형태를 디자인 하는 것이다.

보는 사람에게 이러한 종류의 예술형태는 혼란스러울 수 있을 것이다. 변하지 않는 전체로서의 작품을 감지하기란 사실상 불가능하다. 이러한 면에서 그것들은 그들의 색을 환경에 반응하여 변화시키는 카멜레온 같다. 자연광이 힘을 활성화시킬때 이것은 특히 사실이 된다. 왜냐하면, 심지어 관찰자가 움직이지 않는 동안에도 다양한 변수가 너무 많기 때문이다. 확실히 본에 있는 이러한 커튼 월과 같은 프로젝트는 인접한 사무소에 있는 사람들과 보행자들이나 혹은 운전자 그리고 건물을 들어오고 나가는 사람들에게 다르게 인지될 것이다.

유리 예술 의뢰하기 commissioning glass art

유리예술은 환경의 분위기와 경험을 변형시키는 수용능력이라는 관계에 있어서 아마도 가장 유력한 매체일 것이다. 회화는 우리가 그것을 역사적으로 이해하고 있듯이 조형예술분야에서 높은 위치를 점유하고 있다. 그러나, 나는 가장 상위의 예술이 유리라고 믿고 있다.

교회에서 때때로 발생하는 바와 같이, 여러 예술가들이 같은 공간에 치밀하지 못하게 놔두었을 때 유리가 얼마나 형편없이 작용하게 되는지를 주목하는 것은 흥미롭다. 스타일의 다양함을 포함할 수 있는 곳인 사진 갤러리와는 달리, 건물의 창문은 함께 작용하거나 그것들은 거의 역할을 하지 못한다. 이렇나 면에서 유리 예술은 건축적 예술이다. 그것은 건물과 실내와 외관에 대한 사람들의 경험을 만들어낸다.

전체요약

주거 유리 예술을 의뢰하는 것은 보통 주택 소유자의 상상과 관심으로부터 나오게 된다. 그러나 또한 종종 건축가나 인테리어 디자이너의 비전을 반영하기도 한다. 공공건물에 대한 의뢰는 종종 건축가와 건물 소유자에 의해 혹은 공공공간에 있는 예술을 후원하는 일반대중에 의해 영감을 받곤 한다.

제안을 시작했음에도 불구하고, 스튜디오와 예술가 혹은 예술 컨설턴트와 이야기하기 전에 목적을 정확히 정하는 것이 중요하다. 그것은 실용적이고 미학적 수준에서 유리로 무엇을 획득할 수 있는지에 대해서 명확하게 정하는 것이다. 예를 들면, 유리는 다소 기능적 목적을 가지게 될 수도 있다. 추한 외관을 가리는 것이라든지, 벽돌로 막힌 창문 프레임을 활용한다거나 특정 공간을 둘러싸거나 고취시키는 것과 같은 것이 될 수 있다. 또한 상업적 목적이 있을 수도 있다. 이것은 환경을 더욱 호의적으로 만들거나 사람들이 더 오랫동안 머무르기를 원하는 분위기를 만들어내면서 건물에 관심을 끌게 하는 것을 포함할 수도 있다. 유리는 전체로서의 건축에 반응하는 정숙한 장식으로서 계획될 수 있다. 혹은 그것은 초점으로 감지될 수도 있다.

스튜디오 혹은 예술가 선택하기

프로젝트의 크기나 정교함과는 상관없이, 스킬과 자원과 거대한 스튜디오의 경험과 유리 전문가에 접근하는데 있어서 재정적인 면을 포함하여 거기에는 결정적인 이득이 있다.

스튜디오에 접촉하는 것은 중요하다. 스튜디오나 예술가들이 모두가 다 이 책에 나왔던 기술을 사용하는 프로젝트를 진행하거나 대규모의 프로젝트를 진행시킬 능력을 구비한 것은 아니다. 따라서 그 작품의뢰에 조언할 수 있는 적절한 경험을 가진 스튜디오나 혹은 컨설턴트와 접촉하는 것이 매우 중요하다.

거대한 의뢰품을 생각하고 있다면 가능한 모든 비용과 관련되는 실무적 문제와 적합한 예술가에 대해서 일찍 조언을 구해야한다. 만약 매우 특별한 콘셉을 마음에 품고 있다면 말이다.

이러한 유형의 정보를 얻는 가장 좋은 방법은 큰 스튜디오나 전문 콘설턴트를 찾아가는 것이다. 대안으로 당신은 당신에게 여러 잠재적으로 적절한 후부들의 작업을 보여줄 수 있는 상업 예술 콘설턴트를 찾을 수도 있다. 그러나 예산을 포함하여 기술적 실무적 양상과 같은 조언을 제공받지 못할 수도 있다.

가장 미학적 선택을 하는 경우에 있어서는, 디자인의 최종 결정은 종종 매우 주관적인 기준에 따르게 된다. 때때로 유리 프로젝트를 디자인 하는 것은 전적으로 협동적인 작업이 될 수도 있다. 건축가와 클라이언트 그리고 예술가들로부터의 인풋과 결과는 모든 사람들로부터 브레인스토밍하여 나온 결과물이 될 것이다. 그러한 상황에서 그것은 누구를 고용할지를 고르는데 있어서 결정인자가 될 수 있는 잠재적인 화학반응을 인지하는 것이다.

어떤 건축가들은 종종 그들과 작업을 같이하는 독립적인 예술가를 알고 있다. 어떤 건축가는 작업마다 다른 사람들과 작업하는 것을 선호하기도 한다. 또한 어떤 사람은 그들의 아이디어를 취하거나 그들에게 성취를 가져다 줄 수 있는 유리 컨설턴트나 스튜디오와 직접 작업을 한다.

컴피티션(공개경쟁 입찰)

컴피티션은 적절한 예술가를 찾는 효과적인 방식이다. 경쟁에 참여하는 사람들에게 제공되는 비용은 종종 시간과 비용 그리고 관련된 노력정도로 본다면 보잘 것 없는 것이어서 몇몇 유명한 예술가들은 경쟁을 통해 그러한 심사의 스트레스를 감내하는 것을 꺼려한다. 그러나 컴피티션은 종종 젊은 예술가들이 자신의 명성을 세울수 있는 방법론이기도 하고, 그들이 원하는 것이 무엇인지 모르는 클라이언트들에게는 그것은 비싸지 않은 비용으로 아이디어를 낼 수 있게 도와준다.

유리 예술의 비용

비용은 디자인과 프로젝트 관리비용을 포함할 것이다. 그것은 유리 그 자체, 디자인에 적합한 유리를 제조하는 것, 설치계획, 프레임제조를 포함하거나 필요하다면 설치까지 그리고 완벽하게 유리를 설치하는 것까지이다. 부가적으로 비용은 조명까지도 고려되어야 한다. 이것만이 실제 작품의뢰의 부분이 아닐 수도 있다. 그러나 모든 비용에 상당히 포함될 것이다.

비용과 가치에 대해 일반화하여 말한다는 것은 어려운 일이다. 어떤 프로젝트는 예산이 적지만 그럼에도 불구하고 결과는 재정적 변수가 디자인이 단순하고 직접적이고 어수선하지 않게끔 정해주기 때문에 매우 성공적일 수도 있기 때문에, 특별한 방식으로 디자인 된다. 그러나 낮은 예산은 위험성이 높아진다. 결과는 확실하지 않다고 예상할 수 있다. 많이 필요한 샘플들은 만들어지지 않았으며 면멸하게 복사된 조명 조건들이나 사이트상에서 테스트되어지지 않았기 때문이다.

납유리를 사용하는 것에서 플로트 유리로 전환시켜 작업하는 것의 잠재적인 이득중 하나는 유리 예술이 건물의 구조가 될 수 있다는 점이다. 따라서 유리 그 자체와 설치비용은 이미 건물의 예산에 포함되어 있다. "예술" 요소의 비용은 유리에 되어지는 작업과 디자인의 비용만이다. 더욱 전통적인 스테인드글라스와 함께 예술유리는 보통 부가적인 프레임과 부가적인 설치와 재료 자체가 비용추가의 부분이 되는, 부차적인 유리이다. 만약 우리가 건물구조의 부분이 되는 재료로 작업한다면 비용은 현저히 감소될 것이다.

프레임과 고정설치

건축의 많은 양상의 질은 디테일에 달려있다. 건축유리 예술에 있어서도 마찬가지이다. 프로젝트의 성공은 설치방법의 디자인과 디테일에 달려있다. 외부에 보이는 연결부와 교차부를 최소로 만드는 것은 우선 더 많은 것을 생각하도록 요구한다. 그것은 또한 제조공장과 시공자에게 더 많은 숙련정도를 요구한다. 시간과 사고와 최종 비용의 관계에서는 적은 것이 더 좋다. 그러나 그 결과는 이러한 불리한 점보다 더 훌륭하다.

조명

유리는 조명의 솜씨를 필요로 한다. 조명 컨설턴트와 상의한다면 유리작업의 경험이 있는지를 알아보아야 한다. 혹은 설치 전에 협력테스트를 해보아야 한다. 그렇지 않으면, 상당한 유동성의 위험가운데 구축하게 되기 때문에 최종 설치장소와 정확한 고정작업이 유리가 설치된 후에 조정될 수도 있다.

설치

설치의 순간은 종종 진실의 순간이 된다. 유리는 여러면에서 용서를 모르는 매개체이다.

그것은 보통 부정확한 크기를 바로잡기 위해 조금 잘라내거나 현장에서 다시 형태를 잡는 것이 불가능하다. 유리를 조정하기보다는 건물을 조정하는 것이 항상 더 쉽다. 아름다운 유리가 마치 그것을 위해 만들어진 것처럼 의도된 지점에 적합할 것이라는 것을 확신하고 너무 많은 관심을 기울이는 것은 불가능한 일이다.

어휘Glossary

PVB(폴리비닐 부티르산염Polyvinyl butyral)
합판 유리를 만들기 위해 두개의 유리레이어들 사이에 압력을 가하면서 열을 가하는 조형성이 있는 내부 레이어.

UV(자외선) 접착UV(Ultra-violet) bonding
자외광선에서 회복되는 접착제를 사용하여 재료들을 함께 접착시키는 기술. 이 접착제는 극도로 강력한 투명한 접착제를 만들어낸다.

강화유리Toughened(tempered) glass
가열한 뒤 갑자기 찬 공기의 제트분사로 냉각시킨 유리. 이것은 더욱 강하고 더욱 유연적인 유리를 형성시킨다. 그것이 깨지게 되면, 그것은 많은 작은 파편으로 "폭발"하게 된다.

광기전성(光起電性) 유리Photovoltaic glass
판형 안에 태양 에너지를 전기로 전환시켜주는 솔라셀을 통합시킨 유리.

굽기Firing
가마에서 유리에 에나멜을 착색시키는 과정. 대부분의 유리로 된 에나멜은 650–680°C (1200–1250°F)정도에서 구워진다.

리브 글라스Ribbed glass
일련의 평행한 골이 있는 아주 일반적인 유형의 압연된 투명한 유리.

모래분사작업Sandblasting
압축공기에 분사되는 모래 처리가 유리의 표면을 마모시키는 것.

물분사 커팅Water-jet cutting
연마제를 혼합시킨 고압력(60000psi)의 물을 사용하여 절단시켜 모양을 만드는 시스템. 기계는 디지털적으로 제어되고 실제적으로 유리조각으로부터 어떠한 모양도 자를 수 있게 되어 있다.

방염Resist
산과 모래 분사나 에나멜로부터 그것을 가리기 위해 유리의 선택영역을 보호하는데 사용하는데 사용하는 재료.

부조작업Slumping
700°C(1100°F)정도의 온도에서 주물에 일반유리를 달군 후 녹이는 과정. 이것은 유리를 구부리기위해 사용되는 과정과 비슷한데 그것은 600°C정도에서 이루어져진다. 그러나 필요한 다양한 질감을 만들면서 유리가 훌륭하게 디테일이 작업이 된 주형에 밀착되도록 녹이기 위해 추가적으로 100°C의 온도를 가하게 된다.

불투명체Opaque
종종 유리에 사용되는 기술적 단어. 반투명Translucent가 더욱 정확한 용어가 될 것이다. 왜냐하면 유리는 항상 일정양의 빛을 투과시키기 때문이다. 그렇지만 정말 불투명한 재료는 그렇지 않다.

브릴리언트 커팅Brilliant cutting
유리 표면에 각이 진 모서리와 원과 V형태와 같이 장식적 모양을 갈아내기 위한 일련의 연마석재를 사용하는 과정

블로운 유리Mouth-blown glass
평평한 각장의 유리로 형성시키기 전에 통(筒)(실린더)로 불은 유리로, 대개 600×900mm (24×35in)로 제작된다. "앤틱 유리"로 불리기도 한다.

빗각 깎기Bevels
장식적 효과를 위해 유리의 모서리를 각이 지게 연마시킨 절단면

산 광택Acid polishing
에칭에서 사용되는 것과는 약간 다른 산의 혼합물을 사용하여 유리를 깨끗하게 하는 과정

산 에칭acid etching
플루오르화(化) 수소 산으로 유리의 표면을 덮는 과정. 이 기술은 "플로트 유리" 위에 매트의 반투명 표면을 만드는데 사용되었다. 그것은 또한 몇몇 입으로 분 유리로부터 "빛나는" 색의 얇은 레이어(1mm 이하)를 제거하는데 사용된다.

속빈 틀(밀봉하는 금형의)의 구멍내기Cavity venting
건물의 외피에 이중외피를 사용하여 자연적인 공기순환을 만드는 것. 그것을 통해 따뜻한 공기가 위로 올라간다.

실버스테인Silverstain
착색 유리의 독특한 방법을 제공하는 은 산화물. 스테인을 굽는 동안 유리에 깊게 관통하고 투명해진다. 그리고 나서 그것은 호박색에서 레몬 옐로우 색을 만들어낸다.

앤틱 유리Antique glass
평유리 각장은 대략 600×900mm(24×35in)인데, 유리가 뜨거운 동안 측면을 잘라내어 평평하게 하면서 입으로 부는 실린더를 제작함으로써 만들어진다. 이 과정은 유리 패널을 만드는 방법인데, 각각은 아주 미묘하게 다른 것과 다르고, 색에 있어서 움직임과 다른 질감에 대한 잠재성을 지니고 있다.

에나멜Enamels
유리의 표면에 화염 착색시키는데 사용되는 색깔있는 유리로 된 물질. 이것들은 투명하거나 불투명할 수 있고 보통 550°C(1,029°F)에서 650°(1200–1250°F) 정도에서 화염 처리된다.

용융하기(녹이기)Fusing
착색이던 혹은 일반투명 유리이건 760°C(1400°F)정도에서 다른 레이어의 유리를 녹여서 단일의 한 장으로 레이어들을 녹이는 것. 몇몇 유형의 유리들은 양립가능하지 않고 조화가능한 유리는 용융을 위해 구매될 수 있다.

이색성 유리Dichroic glass
빛을 반사할 때 다른 색이나 빛을 발하는 색을 보여주는 투명한 "유리". 나타나는 색은 색은 스펙트럼 상에서 반대가 될 것이다. 비스듬한 각도에서 보았을 때 반대의 색은 많은 다른 색조를 만들어내면서 혼합된다. 이색성 유리는 여러 가지 다른 색으로 이용가능하다.

이색성 필름Dichroic film
빛을 반사할 때 다른 색이나 빛을 발하는 색을 보여주는 투명한 "필름". 나타나는 색은 비스듬한 각도에서 보았을 때 많은 색조를 창조하게 혼합하는 스펙트럼의 다른 쪽 끝이 될 것이다. 이색성 필름은 현재 두 가지 색이 이용가능하다. 노란색을 반사하는 보라색과 빨간색을 반사하는 푸른색이 그것이다.

재활용 지스러기 유리Cullet
주물 유리를 만들기 위해 녹여지는 파열되거나 부스러기의 유리. 지스러기 유리는 여러 가지의 다른 색과 등급으로 구매가능하다.

저철 유리 Low-iron glass
일반적인 플로트 유리보다 더 높은 납 함유물을 지닌 유리. 이것은 대부분의 유리의 녹색을 감소시키고 "흰색 유리"라고 불리는 것을 만들어준다. 혹은 더욱 기술적으로 "옵티컬 유리" 혹은 "납 크리스탈"이라고 불리기도 한다. 저철 유리는 일반 유리보다 유리를 더욱 효과적으로 투과시킨다. 그러나 그것은 더 부드럽고 긁힘에 손상받기 쉽다.

조각기법Carving
절단용 마스크를 사용하는 모래 분사기법은 항상 두꺼운 비닐로 만들어지는데, 그것은 선과 모양을 유리 표면에 새겨넣을 수 있다.

주물 유리 Casting glass
액체가 될 때까지 주물안에서 유리를 가열시키는 과정과 이후 고체 형태로 다시 천천히 식히는 과정이다. 이것은 종종 (재활용(再活用)의) 지스러기 유리를 사용하여 작업된다.

태양광 획득량 Slolar gain
유리창 표면을 통해 구조가 획득하는 열의 양

페퍼링peppering
유리에서의 투명성을 약간 감퇴시키는 매우 가는 모래분사의 과정.

프리트Frit
녹여진 이후 분말로 갈아진 유리 재료.

플래쉬 유리 Flashed glass
한쪽 면에 다른 색의 유리의 얇은 층이 있는 유리. 이것은 입으로 불어 만들기 전에 두 번째 레이어 안에 첫 번째 유리를 집어넣음으로써 만들어진다.

플로트 유리 Float glass
녹인 주석 의 상부에 액체유리를 떠있게 놓음으로써 만드는 특허방법에 따라서 제조된 납장 유리.

필름Film
이 용어는 다양한 범위의 비닐 제품에 사용되는데, 이것은 유리에 안정성을 더하는데 사용되는 것으로 햇빛을 받는 것을 감소시키고 빛을 반사하고 유리에 엷게 색을 칠하여 투명성을 감소시키고 에칭시킨 유리의 모습을 주게 된다. 대부분의 필름 제품들은 자체적으로 접착처리가 되어 있으며 물을 사용하여 유리에 고찰시킬 수 있다.

합판유리Laminated glass
두개의 유리 사이에 내부 레이어를 함께 접착한 유리. 때때로 안전 유리 safety glass라고 부르기도 한다. 이것은 산산조각나는 것과 흩어지는 것을 막아준다. 내부 레이어는 열에 의해 경화되는 "조형적인" 내부레이어의 형태나 송진을 부을 수 있다.

찾아보기 INDEX

출전 Picture credits

Mitchell Beazley would like to acknowledge and thank the following architects and artists, and photographers, for giving permission for their work to be included in this book and providing images.

Key: a above, b below, c centre, l left, r right

1 Lyle & Whitesavage/Nick Lyle; 2 José Castrillo; 4–5 Mansilla & Tunon/Roland Halbe; 6–7 Carpenter Lowings/Tim Soar; 8l & r Alexander Beleschenko/Alexander Beleschenko; 9a & b Frei Otto/Mayer/Frei Otto; 10l Patrick Heron/Andrew Moor; 10r Graham Jones/Graham Jones; 11al Udo Zembock/Udo Zembock; 11ar Fusion Glass; 11b Udo Zembock/Gerard Dorzkay; 12l Brian Clarke; 12r Graham Jones/Wilhelm Derix; 13l Engelhardt-Sellin; 13r Derix Studio; 14 Jochem Poensgen/Silke Helmerdig, Berlin; 15a StuartReid/Stuart Peto; 15b Guy Kemper/Alan Gilbert; 16–17 Dominique Perrault/Peter Kogler/André Morin; 18 Diener & Diener/Helmut Federle/Christian Richters; 19 Jean Nouvel/Philippe Ruault; 20bl, bc, br Jun Aoki & Associates/Nobuaki Nakagawa; 20al, 21a & b deLugan-Meissl/Margherita Spiluttini; 22–5 Herzog de Mueron/Margherita Spiluttini; 26–7 Herzog de Mueron/Duccio Malagamba; 28–9 Wiel Aretz/Jan Bitter; 30–3 EEA/Christian Richters; 34–39a Sauerbruch & Hutton/Jan Bitter; 39b Sauerbruch & Hutton/Jan Bitter/Markus Bredt; 40–1 Benisch & Benisch/Professor Christian Kandzia; 42, 43bl Medium Architects/Klaus Fraum; 43a & br Medium Architects; 44a & b The Buchan Group, Melbourne/Murray Hedwig; 45l Arquitectonica/John Gosling/RTKL, courtesy Arquitectonica; 45r Eduard Miralles/Rafael Vargas; 46l David Adjaye/Lyndon Douglas; 46r, 47 David Adjaye/Timothy Soar; 48–9 Will Alsop/RoderickCoyne; 50–1 Brunete Fraccaroli; 52–3 Jamie Carpenter/Andreas Keller; 54l & r Liam Gillick/ Terry Farrell/Morley von Sternberg; 55 Liam Gillick/Terry Farrell/© Tim Crocker/cmpimages.com; 56–61 Hal Ingberg/Hal Ingberg, 59a Hal Ingberg/Robert Baronet [METIS 04]; 62, 63a &br ORMS/Peter Cook; 63bl ORMS/Jürgen Schmidt; 64 UN Studio; 65–7 UN Studio/Christian Richters; 68–9 Nial Mclaughlin/Nick Kane; 70–1 Nial Mclaughlin/Hufton and Crow; 72–3 Fernanda D'Agostino/Brian Foulkes; 74l Mira Maylor/Andras Suranyi; 74r Eric Hilton/Eric Hilton; 75l Graham Jones/Clay Perry; 75r Espen Tolletsen/Espen Tolletsen; 76 Odd Tandberg/Jiri Harran; 77al & ar Bridget Jones/David Lawson; 77bl Keneth Leap; 77br Sarah Hall/André Beneteau; 78a & b Martin Donlin/Paul Highnam; 79, 80b, 81 Martin Donlin/Joseph O'Callaghan; 80a Martin Donlin/Dennis Gilbert; 82, 83b Stuart & Michael/Spike Mafford; 83a Stuart & Michael; 84–5 Linda Beaumont/ Spike Mafford; 86–7 Löne & Neumann/Jörn Neumann; 88–9 Amber Hiscott/David Pearl; 90–1 David Pearl/David Pearl; 92–3 Tobias Kammerer/Horst Goebel, Görsroth; 94–5 Tobias Kammerer/Martin J. Ducker, Ulm; 96–7 Sasha Ward; 98–9 Udo Zembock; 100–1 Saskia Schultz; 102–5 Brian Clarke/courtesy Ascot Racehorse and HOK Sport; 106–7 Graham Jones/Paul Highnam; 108 Graham Jones; 109 Graham Jones/Paul Highnam; 110–11 Graham Jones; 112–13 Alexander Beleschenko/Raffaella Sirtoli; 114 Alexander Beleschenko/Phillip Vile 115 Alexander Beleschenko/Alexander Beleschenko; 116–19 Stuart Reid; 120–124a Kate Maestri/Philip Vile; 124bl Yorgos Papadopoulos/Yorgos Papadopoulos; 124br Stuart Low/Clay Perry; 125 Guy Kemper/Horst Goebel; 126 Bert Glauner/Bert Glauner; 127 Bert Glauner/Alberto Moreno; 128 Peter Kuckei; 129a Peter Kuckei/The Style Republic; 129b Peter Kuckei/Glasmalerei Peters; 130 Dorothy Lenehan/Andrea Quagliata; 131 Dorothy Lenehan/Kana Tanaka; 132a Sarahko Yamamoto/Gan Tame; 132–3 Sarahko Yamamoto/Jiro Hamana; 134–5 Glass Brain; 136 Yorgos Papadopoulos; 137 Yorgos Papadopoulos/Andrew Lamb; 138–9 Chris Wood/Chris Wood; 140–1, 142al José Castrillo/Antonio I Ajusticia; 142ar & b José Castrillo; 143 José Castrillo/Anna Carlotta; 144–5, 146, 147a Tom Patti/Paul Rocheleau; 147b Tom Patti/Steve Rosenthal; 148 Fusion Glass/Philip Vile; 149al & r Mira Maylor/Yaron Leshem; 149b John Lewis/John Lewis; 150–3 Florian Lechner; 154–5 Thierry Boissel/Thierry Boissel; 156 Narcissus Quagliata/Mauricio Avramow; 157 Narcissus Quagliata/Fernando Aguilar; 158–9 Urbanowicz/Tomasz Urbanowicz; 160–161l Renato Santarossa/Horst Schmeck; 161r Renato Santarossa/Wolfram Janzer; 162 AMA/Clay Perry; 163l Shelagh Wakely/Tetsuhito Tanaka; 163ar Warren Carther/Dean Carman; 163bl Pip Tundstall/Kirsty Brooks; 163br AMA; 164, 165, 166al Warren Carthier/Gerry Kopelow; 166ar & b Warren Carthier/Henry Kalen; 167 Warren Carthier/Dean Carman; 168, 169l Markian Olnyk/Fotographica Studio; 169r Markian Olnyk/Markian Olnyk; 170–1 Andreas Horlitz; 172l Kirsty Brooks/Kirsty Brooks; 172–3 Arup Associates/Christian Richters; 173 GLB; 174 Kevin Todd/Mark Grimwald; 175 Kevin Todd; 176r, 177 Kirsty Brooks/Philip Vile; 176al & bl Kirsty Brooks/Kirsty Brooks; 178–9 Jurgen Drewer/P Bartsch; 180–1 Espen Tollefsen; 182–3 Michael Bleyenberg.